◎ 儿时画作之我的
少年偶像

◎ 儿时画作之石油工人

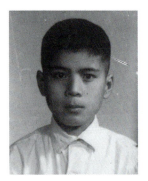

◎ 13 岁时摄。我那时刚
开始学英语

◎ 学英语时翻译一篇科技
文章所得纪念品

赠给

岳小东 同志:

努力做好科

技翻译工作,为实现

四个现代化而奋斗.

呼和浩特

科技外文翻译网

1977.8.1.

◎ 我最早的英语
弟子们

# 优势品格

哈佛博士岳晓东给青少年的36堂课

岳晓东 ◎ 著

北京联合出版公司
Beijing United Publishing Co.,Ltd

**图书在版编目（CIP）数据**

优势品格 / 岳晓东著 . —北京：北京联合出版公司，2023.8

ISBN 978-7-5596-6950-6

Ⅰ.①优… Ⅱ.①岳… Ⅲ.①青少年心理学—通俗读物 Ⅳ.① B844.2-49

中国国家版本馆 CIP 数据核字（2023）第 102574 号

北京市版权局著作权合同登记　图字：01-2023-1785 号

**优势品格**

作　　者：岳晓东
出 品 人：赵红仕
选题策划：北京时代光华图书有限公司
责任编辑：徐　鹏
特约编辑：高志红
封面设计：零创意文化

---

北京联合出版公司出版

（北京市西城区德外大街 83 号楼 9 层　　　100088）

北京时代光华图书有限公司发行

文畅阁印刷有限公司印刷　　新华书店经销

字数 206 千字　　　787 毫米 × 1092 毫米　　　1/16　　　17.5 印张

2023 年 8 月第 1 版　　　2023 年 8 月第 1 次印刷

ISBN 978-7-5596-6950-6

定价：68.00 元

目 录

## 自我困惑篇

# 培养孩子，关键在陪伴

## 一个母亲的灵魂拷问

一次，我给 对气冲冲的母子做咨询，坐定之后母亲让儿子开口说话，儿子就是不说话。见此，我就问他们谁愿意与我先单独聊聊，结果两个人都指着对方说，让她（他）先聊，因为她（他）的问题更多。两人推来推去，我决定先邀请母亲聊聊，让儿子在外边等着。儿子出门后，母亲欲语泪先流，平静下来后就开始大吐苦水，从小到大在孩子身上砸了数不尽的钱，上兴趣班，上奥数班，出国游学，参加竞赛，上重点初中，现在面临中考，什么事情都给孩子打点得好好的，可孩子越来越不听话，越来越任性，只做自己想做的事情，全然不顾即将来临的中考……母亲一口气说了五六分钟。我一直听着，不住点头共情她的付出和无奈。末了，我问她："今天来找我咨询，想解决什么问题？"

"今天找你咨询，就是想让你给孩子说道说道，我这么为他付出，他怎么就这么不配合，不感恩，每天惹我生气？！"母亲斩钉截铁地说。

"这个——"我迟疑了一会儿回答道，"我想先找孩子聊聊再说。"

不承想，母亲竟又开口接着说："岳老师，其实我看了许多家教的书，也用了许多的招数，刚开始还可以，但很快就不管用了。"

"那你举个例子？"我好奇地问。

"什么对孩子态度和蔼，语气坚定，我做到了；什么多用'我'开头的语句，少用'你'开头的语句，我做到了；什么要认可孩子的情绪，避免正面冲突，我也做到了……"母亲一口气说了七八条，气愤未消。

"噢——"我深深地叹了一口气，接着问，"那你觉得是什么原因使这些招数不起作用了？"

"这个——"母亲迟疑了一下说，"我想是我没有变换新的招数，总是在用旧的招数，孩子知道怎么对付我，所以就不管用了。"

"书中的理念都是有道理的，为什么会不起作用了？"我反问母亲。

"是啊，我也困惑啊，书上说的都有道理，为什么孩子就是不听，难道是我没执行好？"母亲回答说。

"那我想问你，你对孩子的整体感觉是什么？"我再问。

"整体感觉就是急，恨铁不成钢，每天都想看着孩子好好学习，成绩上扬，可孩子每天都非常磨叽，心思总是不能全部放在学习上，真让人操心。还有，我说了多少遍，让他多与表哥聊聊，表哥会领着他上'人大'的，可孩子就是不听，还拒绝去我哥哥家……"母亲一口气又说了四五分钟。

我默默地听着，末了说了一句："我知道你的问题出在哪里了，出在陪伴上。关键不在给孩子硬性的教育与包办，关键在给孩子优质陪伴。"

**关键陪伴的理念**

现在培养孩子成长成才，孩子缺的是能够接受的陪伴。

现在有的家长也没少陪伴孩子，但缺少关键时刻的陪伴，或者说关键时刻的引领。

现在不少孩子吃喝拉撒、衣食住行全部由父母打点，而且是全方位的，可以说是圈养长大的，这不仅令孩子感到窒息，也令孩子严重缺乏自主力的培训。

家长们乐于比拼对孩子的关注和投入，却没有认真与孩子讨论一下，有哪些关注和投入是孩子需要的，有哪些关注和投入是孩子不需要的。就像来做咨询的那位母亲一样，她在全心全意地爱孩子，成就孩子，却感到深深的挫败和无奈，因为她就是不明白，孩子怎么就不能像她的大侄子那样出色？

也有许许多多的母亲，一直给孩子讲述别人家孩子的成功故事，希望以此激励自家孩子成长，而孩子常对此表现出漠然和鄙视，令家长更加抓狂。

这一切，都是因为家长没有给孩子提供关键的陪伴。关键的陪伴意味着：

> 管教孩子严格而不严厉。
>
> 关爱孩子宽容而不纵容。
>
> 培养孩子自信而不自恋。
>
> 规劝孩子明确而不啰唆。
>
> 在孩子需要的时候，为孩子提供最有效的帮助。

在孩子的成长路上，给孩子创造最有利的条件。

父母与孩子之间，要有一定的空间。父母要给孩子一定的自主权，不要令他感到窒息、压迫。尊重孩子、方法灵活的优质陪伴，会让孩子在与父母相处时，永远有期待或是喜悦。家长不妨回想一下：孩子什么时候与你相处最喜悦？是在上幼儿园之前。因为那时候的孩子最听话，父母也最可亲。可孩子 3 岁之后开始上幼儿园，进入群体社会，必须学会合作与竞争；进入纪律环境，要学会自律和抗挫。而你感觉陪伴很吃力的时候，也恰恰是孩子成长的时候。

来做咨询的那位母亲之所以有强烈的挫败感，是因为她在陪伴孩子的过程中出现了以下误操作：

缺乏对孩子兴趣爱好的重视，整天逼着孩子做家长想让他做的事，而不是鼓励孩子做他自己想做的事情。

缺乏给孩子的未来筑梦，让孩子错误地感觉学习是为了讨父母开心，而不是为了自己的未来奋斗。

缺乏培养孩子主动求助的意识，想不到为孩子的有利发展搭建平台，创造机会，寻找贵人相助。

缺乏对孩子自身优点的淘宝和挖掘，眼里看到的都是孩子身上的缺点；天天开孩子的批斗会，绝少开孩子的表扬会。

缺乏对孩子人生中里程碑事件的梳理，没有看到孩子生活中种种抗挫事件的价值，不懂得找出那些照耀孩子一生的里程碑事件，并以此激励孩子成长。

缺乏与孩子的有效沟通，常常为图一时之快、泄一刻之愤而采取压迫式、胁迫式的沟通模式，令孩子无所适从。

缺乏对唠叨孩子的自我觉察，常常以数落孩子来排解自身的烦恼和焦虑，到头来对孩子的问题解决于事无补，适得其反。

缺乏对孩子的有效鼓励，不懂得夸奖孩子聪明与夸奖孩子努力之间的区别，不了解细节肯定的重要性。

总之，家长要明白一个道理，就是孩子的健康成长需要有利、有效的关键陪伴，而这，正是本系列图书的要旨所在。

### "关键陪伴"丛书写了什么

我撰写"关键陪伴"丛书，是为了助力大家成为开心家长和智慧家长。

首先，我想提醒家长，孩子的健康成长是一个漫长的历程，绝非一两个绝招能搞定的，所以家长一定要走出一招鲜的误区，不要指望说了什么话，孩子就听话了，做了什么事，孩子就懂事了。其实，孩子的行为改变与健康成长是一个系统工程，也是一个充满希望的工程。据此，我在本书中特意强调了家教理念的系统性，全面、系统地探讨适合中国人的家教方式。

其次，我想强调对孩子的发展要本着因材施教的原则，根据孩子的自身习性和智能倾向来规划孩子的未来。

最后，我在书中特意强调了家教理念的科学性，以大量的科研成果来验证适合中国人的家教方式。此外，我特意加入了许多操作注意事项，以供大家借鉴、思考。

"关键陪伴"丛书具有理论性、系统性、操作性和经实践经验验证的有效性。为凸显以上特点，我将这套丛书分为理论篇、个人成长篇和案例篇。

在个人成长篇——《优势品格》中，我以自己的 36 个成长故事梳理了我在成长中的里程碑事件，并对这些事件进行了相应的心理分析，给予孩子相应的成长启示。我还列出了 36 个经典的心理学和脑科学研究，增强了本书的理论解读性和操作实用性。

近年来，我一直在心理咨询和亲子教育中倡导一个理念，就是梳理好来访者或当事人生活中的里程碑事件。也就是说，咨询师在与来访者的交流中，要不断发现并梳理来访者生活经历中的有利事件，以挖掘其优势人格和成功体验，使得来访者对自己的人生有更积极的解读。换言之，你讲述你的故事，我给你新的解读。你原来觉得自己的人生很灰暗，我向你证明，你的人生其实也很光辉。

在此基础上，我恳切希望读者对本书能做到亲子共读。家长带着孩子在读我的故事的时候，可以寻找家长、孩子人生经历中的类似事件，对其进行积极的解读和利用。特别是对亲子教育来说，讲别人家孩子眼下的成功故事远不如讲自家孩子当初的成功故事更能激励孩子成长！也再没有比挖掘自家孩子的成功故事，更能改变父母对孩子的消极态度了。

在此，我由衷地感谢北京时代光华图书有限公司出版本套丛书，特别感谢文钊董事长和陈宇总编辑对本书予以的肯定和关照，没有他们的全力支持，本套丛书不会如此顺利、快速地出版。

在此，我还特别感谢本套丛书的策划编辑海棠女士，深深感谢你围绕这套书所付出的心血和精力。我们就此套丛书的写作讨论逾两年，见面二十余次，我从未见过像海棠女士这样全心全意扑在工作上的编辑，深表敬意！

是为序。

自我磨砺篇

# 输赢玻璃球——如何在失败中培养毅力

就这样，我红着眼睛默默地离开了那群人。听着身后那些观战的孩子对那个孩子发出的一片欢呼声，我的眼泪夺眶而出。回到家里，望见那个装玻璃球的空盒子，想着还欠人家 18 颗玻璃球的债，我又大哭了一场。

儿童是在游戏中长大的。

现在的孩子真是太幸福了。他们去的是游乐园，手里拿的是 iPad，玩的是网游，比的是智能玩具，看的是卡通片。而在我成长的年代里，孩子们根本没有这份福气。那时候男孩子们聚在一起，玩的是捉迷藏之类的古老游戏，是争上游、升级（又名打百分）一类的扑克牌游戏，再不就是赢个杏核、玻璃球、烟盒、蛤蟆片（一种铁片）之类的东西。

那年头，我们玩不起花钱的玩意儿①。

在当年的游戏中，给我印象最深的就是赢玻璃球（又称弹珠珠或弹

---

① 那年头，小孩子玩的东西大多是不需花钱买的，如香烟纸盒就是跟大人要来的，杏核、铁片就是相互换来的。（本书注释未标注"心理学概念"字样的，均为作者本人注解。——编者注）

球），因为我曾有过大起大落的经历。赢玻璃球的游戏，就是用食指与拇指夹住跳棋大小的玻璃球弹射，如果弹中了一颗玻璃球，就可以将它赢走。

曾几何时，我辛辛苦苦才搞到十余颗各色花样的玻璃球①。每天放学回家，我都会玩赏一阵（我当时上小学三年级），有时还会向我信得过的小朋友展示一番，那是我当年最宝贵的财富了。

一天，我们院儿②里一个比我矮半个头的小孩儿，不知从哪里听说我有这些玻璃球，提出要与我赌玻璃球。我望着他那张蹭满鼻涕的脸，毫不犹豫就应了战。没想到，那天我不光将老本儿输了个精光，还倒欠他18颗玻璃球。到后来弹球时，我的手都在发颤，那么近的距离都弹不准。而他的手却像着了魔似的，那么老远都一弹一个准儿，赢得我心里直发慌。

那天，还有不少孩子观战，都在为他助威，这更搅得我心烦意乱。后来，那孩子的一个邻居（一个比我大几岁的男孩子）提出不要再玩了，让我回去先筹集这18颗玻璃球，等还了账再玩，并给了我一个月的期限。

就这样，我红着眼睛默默地离开了那群人。听着身后那些观战的孩子对那个孩子发出的一片欢呼声，我的眼泪夺眶而出。回到家里，望见那个装玻璃球的空盒子，想着还欠人家18颗玻璃球的债，我又大哭了一场。

那天，我第一次尝到了愁的滋味。

败也败了，哭也哭了，大半天过去了，我开始冷静下来。我心里想他凭什么赢了我，是有高人指点还是他疯了似的练习过？也许是两者合一？他能这样，我也一定行！想到这里，我走到水龙头边洗了把脸，握紧了拳

---

① 那年头，玻璃球是很难搞到的。我的这些玻璃球都是拿各种小玩意儿与别的孩子换来的。

② 我当时住在呼和浩特市内蒙古大学校园里。

头，对自己说：我一定要赢，我一定能赢！

在以后的一个月中，虽然没有高人指点，我依然每天在家苦练弹射玻璃球的功夫，有时练到手指疼痛，我都顾不上了。

这番苦练使我从相距几厘米都弹不准到几十厘米之外都能弹得准。我在等待时机赢回自己失去的宝贝。

终于，一个月后，那个孩子流着鼻涕来向我讨债，我告诉他现在还没有凑全，并提出接着玩，无论赢输都会一并还债，但他说要回去问一问隔壁家的大孩子。

"为什么？"我奇怪地问。

"因为上次是他叫我来找你玩的，而且在玩之前，他还教了我半天怎样弹玻璃球才准。"那孩子得意地说。

"噢？你弹得那么准，为什么上次又不接着玩了？"我又问。

"是啊，我也不知道，是他不让我再玩的。"

"那我们今天再玩，他就管不着你了。"说着，我拿出两颗新找到的玻璃球给他看，提出只要他答应与我玩，我就给他。望着那两颗漂亮的玻璃球，他的眼睛都放光了。

于是，我们找了一个僻静的地方开始弹玻璃球。不一会儿，我就将欠他的所有玻璃球都赢了回来，包括我刚给他的那两颗。到后来，那个孩子忽然恳求我，问我能不能给他 9 颗玻璃球，并解释说这是因为他每次赢玻璃球，都要分给那个邻居大孩子一半，所以他等于欠了那个大孩子 9 颗玻璃球。

我无奈地摇摇头说："我上次已经将所有的'家产'都输给你了，我也没求你还给我那些玻璃球啊。"

就在我们争论不休时，那个大孩子出现了。他上来就问我有没有还债。

"我已经一颗都不欠了。"我坚定地说，声音都在颤抖。

"什么？"他瞪着双眼望着我，然后一步跳到那个小孩子面前，厉声问他是否属实。

"是的，我们刚玩完，都让他给赢回去了。"他哭丧着脸说。

接着，我就听见一记响亮的耳光和一阵狂烈的号哭。在这哭声中，我离开了他们两人。但那个大孩子还是不甘心，追上来提出要亲自与我玩。

我望着他那副着急的样子，指指他身后那个眼泪鼻涕流成一团的小孩子说："要玩，我也只跟他玩。"

那一天，是我儿时少有的开心日子。

这一个月的苦练没有辜负我的期望，我出其不意地赢了那小子一回，一扫我因上次输玻璃球而生的满脑子晦气。

回家以后，我放声高唱："太阳出来了——"[①]

现在回想起这一切，我心里仍感到无比激动！

输赢玻璃球，不过是小孩子的一种游戏罢了。但那次经历，使我懂得输和赢都不会是永久不变的事情。只要下足了功夫，输赢的局面是可以改变的。更重要的是，我学会了在困难中盼望光明，在绝望中寻找希望。一个 10 岁的小孩子能领悟到这番道理，我要特别感谢那几乎已经绝迹的游戏。

在我后来的人生道路中，我曾多次身临这般困境，但都闯了过来，这

---

① 这是《白毛女》舞剧中，喜儿见着前来救她的旧日恋人大春时在山洞口唱的歌。

得益于早年的生活磨炼。从心理学来讲，也许那一次的输赢经历已经在我的潜意识深处种下一颗信念的种子，它开始自然地生长，积聚了积极的能量，在我以后的成长中深深地影响着我。

孩提时代能够正确对待学习与游戏上的起落，长大之后也当会更积极面对生活与工作上的挫折。人的生活之路，就是这样一步一步走出来的。

自我信念和信念引导下的行为，能够使一个人摔倒后再次爬起来，而毅力就是摔倒后再爬起来次数的积累。

## 心理分析——意志力是不断强化的结果

行为主义心理学（behavioral psychology）主张：人的性格形成是不断强化[①]（reinforcement）的结果。人的习惯行为因正强化（positive reinforcement）而不断加强，因负强化（negative reinforcement）而不断削弱。所以，人欲塑造自己的某种性格特点（如坚韧不拔、胸襟开阔等），就必须在生活中不断为自己的性格塑造提供正强化的机会和条件。

在输赢玻璃球这件事情上，我的收获不仅在于赢回了那 18 颗玻璃球，扫去了笼罩在心头一个月之久的阴云，还在于我学会了怎样在困难面前不弯腰、不低头，想方设法加以克服。由此，这次经历强化了我性格中坚定信念、持之以恒的一面，使我以后在面临生活挫折时，都会自然地从此次经历中吸取巨大的精神力量。

---

① 强化，心理学概念，在美国行为主义心理学家斯金纳（B.F.Skinner）的操作条件反射实验中，强化是指伴随于行为之后且有助于该行为重复出现的概率增加的事件。他认为人或动物为了达到某种目的，会采取一定的行为作用于环境。当这种行为的后果对他有利时，这种行为就会在以后重复出现；不利时，这种行为就会减弱或消失。

换言之，因为你以前有过战胜困难的成功体验，所以当你再次陷入困境时，你会自然而然地抱有必胜的信念，还要争取成功一回。而一旦你经受住了失败的考验，你就不再畏惧失败的到来。

这份从失败中追求成功的信念，就是你坚毅性格的基础。

## 成长启示——如何从危机中看到生机

在生命旅程中，一次生活上的失意、一次恋爱上的失望、一次生意上的失利、一次考场上的失误，都同时包含着危机与生机两个方面。如果我们的认知把当下的挫折和苦难灾难化地放大，通常会带来更为挫败的情绪、更为受阻的行动。当一个人面临挫折的危机时，他很容易被负面情绪一叶障目，以偏概全地将挫折夸大到生活的方方面面，把自己定义为失败者，再难从挫折的阴影中走出来。因此，他也不会采取积极的行动去应对挫折。

其实，挫折可使人成熟，失意可使人清醒。如果一个人总能从危机中看到生机，从困境中看到希望，抱有积极的信念，并将此付诸具体有效的行动，那么他就是在塑造自己的坚毅性格了。

此外，生活中的一次挫折，可使一个人沉沦、气馁；也可使一个人变得坚毅、顽强。这两种心理状态其实没有明确的分界线，关键看一个人怎样辩证地看待其中的得与失。只要他能够从失中看到得，从得中看到失，那么他就是在强化自己与困难做斗争的勇气和毅力了。

更进一步，在这种勇气和毅力的帮助下，我们还需要去寻找解决问题的方式和方法，调动各方资源，积极地行动，才能够度过危机，有所成长。

古人云：智者善因祸为福。西谚亦曰：生活的诀窍就是将绊脚石变为敲门砖（The secret of life is to make stepping stones out of stumbling blocks.）。这本质上就是鼓励人们在面临困难的时候，"要看到成绩，要看到光明，要提高我们的勇气"。每个人能越早感悟到这一点. 就越能够在困境中战胜困难，完善自我。

由于有了那一次输赢玻璃球的经历，日后在生活中遇到其他挫折时，我都力争扭转局面，追求那心花怒放、扬眉吐气的一刻。多年来，这种坚定的信念常常敦促我，即使不能立刻如意，想一想那次输赢玻璃球的经历，我也感到很温暖，浑身充满了力量。

所以说，信念是让人继续追求成功的基础，毅力是失败中成功经验的强化与积累。

## 相关科学研究 1——信念影响行为

自我效能，指一个人在特定情景中从事某种行为并取得预期结果的能力，它在很大程度上指个体对自己、对自我有关能力的感觉。简单来说，就是个体对自己能够取得成功的信念，即"我能行"。

心理学研究的诸多结果证明了这一观点。

科隆大学达米施（L. Damisch）、斯德波洛克（B. Stoberock）和穆斯威勒（T. Mussweiler）曾做过一个实验。他们招募了一些大学生做实验对象，分别进行了两组实验。

实验一组中，12 名男生、16 名女生被随机分成两组，进行 10 次投篮。激发信念组被分到"幸运之球"，控制组被分到"普通的球"。结果显示激发信念组平均投中 6.42 次，控制组平均投中 2.15 次。

实验二组中，参与者都被要求带上自己的幸运符去参加一个电脑记忆游戏。来到实验地点后，工作人员会把他们五花八门的幸运符暂时拿走拍照登记。一半参与者在实验开始前就能拿回属于自己的幸运符，而另一半参与者则被告知由于相机故障，只能稍后才能拿到幸运符。

结果，电脑记忆游戏的数据表明，实验前拿到幸运符的参与者在游戏中的成绩明显高于未拿到幸运符的参与者。正如预期的那样，带着幸运符参加记忆游戏的参与者，显然有了更多的积极心理暗示，从而比没有带着幸运符的参与者表现更好。

这种心理机制表明：积极的信念能够提高人的自我效能，从而改善行为表现。

> 岳博士家教百宝箱

孩子在成长路上，必然会遭遇各种挫折和困难。此时，孩子自然会产生负性情绪及认知偏差。长此以往，孩子就会丧失战胜困难的勇气及寻找方法的意愿，形成习得性无助[①]。在此，我有以下建议。

## 岳博士家教建议 1：引导孩子学会接纳并释放负性情绪

面对挫折，家长要引导孩子认识到：挫折是人生的必修课，释放负性情绪也是人生的修炼。脑科学研究认为，当强大的负性情绪出现时，大脑皮层的理性思维会受到严重的抑制。由此看来，只有把负性情绪合理释

---

① 习得性无助，心理学概念，是指个体经历某种学习后，在面临不可控情境时形成无论怎样努力也无法改变事情结果的不可控认知，继而导致放弃努力的一种心理状态。

放了，有效的思考才可以启动，我们通常说的"通情达理"，就是指这个意思。

### 岳博士家教建议2：引导孩子学会梳理问题的成因

面对挫折，家长要引导孩子从中找出失败的原因，并培养对目标达成的信念。同时，家长还要引导孩子在挫败中寻找个人的闪光点、积极的行为表现以树立信心。

### 岳博士家教建议3：引导孩子学会在受挫时寻找应对策略

面对挫败，家长要引导孩子寻找有效的解决方法，并付诸行动。在这当中，家长还要注意强化孩子在化解挫折中的正面效应，以最大限度地磨炼孩子的毅力。

成功就是一个人在落到最低点时弹高能力的表现。

——乔治·巴顿（第二次世界大战时美国著名将领）

# 找啊，找啊，找朋友——如何在冲突中升华友谊

在去老四家的路上，我们彼此都不说话，只是闷着头走路，在无声中走完了那段漫长的路程。而一到老四家，他就给我端来了一杯凉开水，当时我心里好感动……

小孩子是在友谊的沉浮中成熟的。

我上小学六年级时，年级重新编了班。同学们聚在一个新班内，彼此都感到很新鲜，并很快形成不同的朋友圈子。我也与其中四位较投缘的男同学组成了一个小圈子，还在一位同学家吃了饭。席间，有人提议每人各报出生日期，以兄弟相称，这立即获得了大家的一致赞同。

于是，我成了老三。

可惜没多久，我们五个人之间就开始闹矛盾，出现分裂。先是我与老五结盟，与其他三位关系搞僵了，彼此见面都不说话。后来我又由于什么事说话不慎，得罪了老五，渐渐地，他也离我而去，彼此见面仅打个招呼，全无昔日之亲密情谊。

就这样，在短短的四个月内，我由五兄弟中的老三变成了孤家寡人。

在那些孤独的日子里，我是多么怀念当初聚首的时光，又是多么渴望大家能聚在一起再吃一顿饭。表面上，我看见他们仍显出一副满不在乎的样子，但内心深处，我无时无刻不期待着他们主动与我打招呼。可惜，这只是我的一厢情愿。

这段时间的郁闷和失落被细心的妈妈看了出来，她几次关切地问我最近为什么不开心，是否需要她的帮助。在妈妈温柔的关爱声中，我把我们五兄弟从"桃园结义"到我变成"孤家寡人"的经历一五一十地告诉了她。妈妈耐心地听着我的诉说，并不时地回应，启发我思考。

在妈妈的积极引导下，我开始检讨自己的过失。

我发现以前我老是在挑别人的错，认为是他们对不住我，但我从未认真想过我曾做过什么对不住他们的事情。现在想来，我也有过对不住他们的时候，像我平时说话不慎，就在无形中伤害了别人的自尊，却还浑然不知。我还注意到，有时我和朋友讨论学习问题，我对他们的过错会不留情面地指正，使人家下不了台。于是，我开始学着话到嘴边留半句，三思而后言。

凡此种种，都使我慢慢学会了反省自己，宽容他人。

此后，我不再盯着别人的过错不放，而是努力改正自己的过错。更重要的是，我不再等着他们先来找我，而是主动去找他们。于是，我主动接近老四，提出和他一同做作业。老四起初对我的善意表现得有些冷漠，但我没有放弃，而是另找机会再次邀他。这次他感到过意不去，就答应了我的要求，并拉着老二一同到他家去做作业。

在去老四家的路上，我们彼此都不说话，只是闷着头走路，在无声中走完了那段漫长的路程。而一到老四家，他就给我端来了一杯凉开水，当时我心里好感动……

那天做完作业后，我们就无话不说了。回家时，我是一溜烟儿跑回去的，那兴奋的心情，现在想起来还会有心怦怦跳的感觉。

再次获得友谊，我倍加珍惜，并注意克服自己以往的缺点。就这样，我也重新赢得了老五的友谊（由于其他原因，老大没有再与我们组合）。我们四人又一同做作业，一同玩耍，令班上其他同学大感诧异，连老师都来问我们怎么"分久必合"了。

一次，趁我父母出差之机，我邀请他们三人到我家来玩。临到吃饭时，我提议大家自己做饭吃①。于是，我们有人择豆角，有人煮米饭，有人洗菜，有人炒菜，不一会儿就凑足了一桌饭。大家一起吃着自己做的饭菜，入口备感香甜。而对我来说，吃这一顿"团圆饭"有着特殊的意义。它是我朝思暮想的一刻，它使我们的聚义又回到了原点，它也使我们对彼此多了一份了解。

这样在一年中，我与几位兄弟由合至散，再由散至合，经历了一个完整的沉浮过程。在这个过程中，我们每个人都对友谊有了更深的了解：友谊的基础，不仅是共同的兴趣与爱好，还有互相的宽容与谅解。而小孩子之间的宽容与谅解，就是学会主动认错，并在出现误会时主动与对方沟通。

小孩子之间，还有什么是真正过不去的呢？

多年后，我在哈佛大学攻读心理学学位时，曾与我的心理学导师讲述了这一段经历。他表示了极大的兴趣，并做了一番心理分析。其中给我印

---

① 在我成长的年代里，男孩儿、女孩儿很小就学会帮父母做饭。

象最深的一句话是："五兄弟"的经历，改变了你的交友方式。

的确，"五兄弟"的经历，使我懂得了反省与宽容的可贵。我是先失去了友谊，才知道友谊是怎样获得并保持的。

春去春会来，花谢花会再开。人的友谊也要经得起时间的考验。

## 心理分析——互敬共鸣是友谊的基石

心理学认为：人的友谊发展过程，是将个人的自我世界融入众人的自我世界里的过程。也就是说，友谊的发展要使人学会理解他人、谅解他人，并设身处地替他人着想。在这当中，人们要学会勇于承认自己的不足，接受他人的不足，进而建立相互尊重、相互理解、相互补充、相互促进的友谊基础，使大家珍惜彼此间的情谊。

美国心理学家乔塞尔森（R. Josselson）进一步指出：友谊的一个重要基础是互敬共鸣[①]（mutuality and resonance）。对于小孩子来讲，这意味着他们要学会在交往和玩耍中理解对方，谦让对方，不要凡事都以自我为中心。这样才能培养出友谊的花朵，使它长开不谢。

小孩子之间发生冲突时，一方时常会认为是对方做出了对不起自己的事情，所以与对方分手也是理所当然的。在心理学当中，这是典型的自我中心思维[②]（ego-centric thinking）的表现，也是儿童认知能力[③]发展

---

① 互敬共鸣，这里指朋友之间要学会在共同的交往中，开放自己，尊重对方，分享各自生活中的喜怒哀乐，以获取彼此的信任和理解。

② 自我中心思维，心理学概念，是指从自己的立场与观点去认识事物，不能从客观的、他人的立场和观点去认识事物。自我中心思维是儿童时期的一个鲜明心理特性。

③ 认知能力，心理学概念，传统心理学所称的认知能力主要是指人脑通过感知、记忆、思维等形式反映客观事物的特性、联系或关系的能力。

（cognitive development）的阶段性特点。

这一阶段，他们还不能有效地从他人的角度来看待自己的行为，反省自己的过错，做出自我批评。然而，生活的矛盾与冲突会使得他们逐渐成熟，冲破自我中心的束缚，懂得友谊的真正含义。

## 成长启示——反思、理解、主动是友谊的关键

同伴群体通常是由在年龄、兴趣、爱好、价值观和行为方式方面大体相同的人组成的一个群体。他们相互影响、相互作用，在青少年的学习与社会性发展中起着举足轻重的作用。

在伙伴关系发展的过程中，冲突的发生也是自然而然的。在"五兄弟"友谊的沉浮中，妈妈的循循善诱使我对这件事情的认识有了一个巨大的飞跃：我由盯着他人的过错不放到开始检讨自己的过错；它使我学会了在批评他人的同时，也做自我批评；它也使我开始走出以自我为中心的世界，懂得了怎样去谅解他人；它还使我懂得了怎样主动伸出手，去寻求他人的谅解。

这样，我对友谊的理解与处理就有了一个质的变化，也由衷体会到反省与宽容的意义所在。我的主动姿态最终赢得了其他各位兄弟的积极反应，使得大家和好如初。

多少年过去了，我一直与其他三兄弟保持联络。我们虽然天各一方，但都十分珍惜过去的这一段友谊。

友谊的形成使人摆脱自我中心，友谊的沉浮使人学会怎样与他人互敬共鸣。

## 相关科学研究 2——伙伴关系对成长的影响

瑞典曾公布了一个研究报告，引起了国际关注。斯德哥尔摩大学的研究者在 20 世纪 60 年代，对 14000 名 12 岁左右的孩子的人际关系等情况进行了观察研究。37 年后，研究者通过收集可靠的相关数据，进一步了解这些孩子的生存状态，结果发现：在校期间同辈关系不好、功课在及格边缘的孩子，长大后得心脏病、糖尿病的概率大大高于人缘好的孩子；前者得精神疾病，如抑郁症、焦虑症等的概率，也比后者多出几倍。

脑科学的许多研究也发现，当个体的人际关系严重受阻时，他周围会形成一个充满压力和威胁的学习、生活与职场环境。儿童和青少年时期的同伴隔离或进入不良团体都会对其成长产生巨大的负面影响。这样的压力会使大脑的化学物质，特别是被称为情绪调节器的 5- 羟色胺等神经递质水平失衡，导致脑功能失调、消极情绪与不适应的行为增加。这种失衡不仅极可能引发冲动性、攻击性行为，甚至会导致出现终生的暴力倾向。此外，人际冷漠、隔离也极有可能引发个体过低的自我概念，产生抑郁情绪，并可能导致退缩和自杀行为。

持续的人际压力和威胁，也会导致海马区域的脑细胞非正常死亡。而这种脑细胞对于学习与记忆又是那么至关重要。这些过度的压力，会使大脑调动资源和执行的功能都大大降低，致使积极的情绪情感难以引发，高效的思维加工受到阻碍。

> 岳博士家教百宝箱

孩子成长过程中良好的伙伴关系，可以满足他成长的多种心理需要，形成人际归属感，增强互帮互助的团队精神。

## 岳博士家教建议 4：引导孩子理解伙伴的重要性

伙伴之间会形成一个彼此行为的参考体系，这有利于个体社会角色和价值观的形成；伙伴之间积极的相互影响，往往更为自然，也更符合其内心陪伴与支持的情感需求；在青少年自我意识的发展中，来自同伴的反馈与评价起着重要的作用。

## 岳博士家教建议 5：引导孩子认识并化解冲突

面对孩子在友谊发展当中产生的挫折和困难，我们也要引导孩子去认识冲突对自己的意义，让孩子重树解决问题的信心，并尝试用更加有效的方法去突破。

## 岳博士家教建议 6：引导孩子学习与人交往的技巧

无论是学校还是家庭，都要通过多样化的途径，帮助孩子理解良好人际关系对自己的意义，激发孩子主动交往的愿望，带领孩子学习各种交往技巧。

真诚的友谊是一株缓慢生长的植物，必须经受磨难的打击才能名正言顺地以"友谊"称呼。

——乔治·华盛顿（美国首任总统）

# 与"老博干"下象棋——如何在玩耍中增进友谊

> 为了一步错棋，或是为了一盘本不该输的棋，我们两个人都曾红过眼、翻过脸，由棋盘上的拼杀上升为正面的"角斗"，然后又一同快快地回到楚河汉界边歇口气，整顿再战。

我小时候，常与一个绰号叫"老博干"的男孩下象棋。他年长我两岁，棋艺却不比我高明多少，所以我们才能下到一块儿去。

初与老博干"对弈"①，我们乐在彼此取笑。一盘棋下来，一会儿他得势，一会儿我得势，我俩嘴里总是闲不住的。

赶到我得势时，我就会不断地说："老博干，看你的兔子尾巴还能长多久，还是老老实实地交盘儿吧，省下这点儿工夫，咱们还能再下一盘……"说着，我会拍拍桌子。而待到老博干得势时，他则会唠叨说："岳老肥（我当年的绰号，其实我只是在幼儿园时胖了一阵），看你还能肥多久，还不趁早缴枪，免得动刀子……"说着，他会不断地挥挥手，做出

---

① 对弈，自古代起特指下围棋，此处用来借喻下象棋。

舞刀的样子。

当然，刀子是从来没动过的，但手还是动了几回。为了一步错棋，或是为了一盘本不该输的棋，我们两个人都曾红过眼、翻过脸，由棋盘上的拼杀上升为正面的"角斗"，然后又一同快快地回到楚河汉界边歇口气，整顿再战。

我俩就是在这样的"文攻武卫"的较量中不断提高各自棋艺的。那时下棋，五分钟就可以决胜负。一天大战二三十盘是常有的事，而且彼此总是在催着对方落子。

为了能够多挥手，老博干专门买了一本象棋棋谱来读，并在交战中振振有词地摆出了"天龙卷蛇阵""地炮轰猪阵"等阵势，令我招架不得。后来，我也去买了一本棋谱回来读，但毕竟比老博干少读了两年书，怎么看也看不进去。但是，我至少看明白了一点，就是那里面根本没有什么"天龙卷蛇阵""地炮轰猪阵"。

我去请教老博干，他眨巴着眼睛，哑着嘴对我说："那是我专门为对付你岳老肥而发明的阵势。"这下我才明白了老博干其实也是二把刀①。于是，我也在交战中摆起了"博干迷魂阵""斜马取车阵"。可老博干毕竟是读了点儿"兵书"的人，出手就是不凡，杀得我拍桌子都提心吊胆的。而老博干的挥手，则是越挥越有劲儿。一时间，老博干落子，简直成了拍子，震得我心里阵阵发慌。

老博干最得意的时候，居然提出要让我车、马、炮三子与他下棋，口气也太大了。焦急之中，我想出了一条妙计，就是每当老博干先走棋的

---

① 二把刀，北方方言，有一知半解的意思。

时候，我都细细记下他走的每一步棋，有时多达十步以上。而待我先走棋时，我就完全按照老博干的路数走。如此以毒攻毒，我很快就破解了他的"天龙卷蛇阵""地炮轰猪阵"，惊得他脖子一伸一伸的。

他伸脖子，并非因我读了什么高深的兵书而变得高明了，而是我悄悄记下他的路数，然后反其道而行之，就这么简单。老博干也许至今还不知道我这点儿把戏。

这下该轮到我落子如拍子了，而且拍得比老博干还响，震得他耳朵一竖一竖的。直到有一天，我们定了一条君子协定，就是落子不许拍桌子。这是我们下棋以来定的第一条君子协定，也是我们下棋走向文明的开始。

原先下棋，我们最忌讳的事情就是悔棋。一步棋落子后，是绝对不容悔棋的，不管对方怎么脸红、恳求。但多少次，我们由于赢棋心切，不意被偷袭后方，一步臭棋使自己一盘大好的局势急转直下，毁于一旦。那份懊丧的心情，比考试不及格还难受，不悔棋能甘心吗?!

后来，不知从谁开始，在看出对方走了一步臭棋后，就会礼貌地提醒一句："想好了吗？可别悔棋呵？"往往经这么一问，对方立即就看出了问题，脸上露出一丝谢意。于是，我们又不言自明地定出了第二条君子协定：谁走出一步经过提醒还没有看出来的臭棋，就算活该倒霉了。

再后来，我们下棋时说话越来越少，全无当初那种恶语相讥的场面了。有时彼此还会奉上一句"好棋""高招"之类的赞语。这时我们下棋，似乎也在较量谁的棋风更好，谁的招数更绝。有时，我们还会一同探讨刚下过的一盘棋的得失原因。

到最后，我们下棋还养成一个好习惯，就是不到万不得已，绝不认输，即使是一盘输棋，也要走到最后一步。一方面是在等待对方出错的机会，以图再兴；另一方面也是在培养个人下棋时的耐力和涵养。这不只是下棋，也是在较量谁的耐性更强，谁的后劲儿更足。而当真的走出几步妙棋反败为胜时，自己心里别提有多高兴了。

这样，残棋下到底，便成了我们的第三条君子协定。

最后一次和老博干下象棋，是在我上大学一年级放假回呼和浩特市时。那一次，我们连战了两天，第一天我是4胜2负，第二天却是3胜4负。本来还要约战第三天，却因为临时有变而耽误了。不想，这一耽误，就再没有机会弥补了。

那次下棋，老博干缓缓地评论说："你下棋最好的功夫是在下残局上。"当时我并未太在意这句话。但这些年来，我越嚼这句话越有味，每次想起这句话都会感谢当初与老博干的对弈经历。

因为人生如棋！

其中有赢，有输，有进，有退。人生在失意时，要有下残局时的勇气与毅力，不予放弃，苦撑待变，才可能有机会扭转乾坤，反败为胜。故此，能在楚河汉界边巧妙周旋之人，当能在生活中临危不乱，转危为安。

有一种说法是象棋始自当初刘邦、项羽的楚汉相争。刘邦最后之所以能胜取天下，不就是因为他较项羽更善下人生之棋的残局吗？所以，在后来的人生道路中，每遇到困境，我都会想到当初破解老博干之"天龙卷蛇阵""地炮轰猪阵"的经历，在死阵中寻找生门！

想来我与老博干下象棋，初为玩耍，乐在相互讥讽；后来则变成棋艺与人品的较量，重在自我克制与磨炼。这番棋盘外的收获，远远超过了我们当初在棋盘上的赢输乐趣。

真不知何时能与老博干再大战一场？

## 心理分析——游戏是开启社会的钥匙

有的心理学家主张：小孩子的交友方式基本上经过了共同玩耍（playing together）到共同交流（being together）的转化过程。

在共同玩耍阶段，友谊的基础就是共同的游戏。无论是哪一种游戏，大家只要能玩到一块儿就是朋友。所以，游戏与共同活动，便成为交友的直接手段。到了共同交流阶段，友谊的基础是共同的兴趣与思想交流。此时，孩子们聚在一起，重在有共同的语言、爱好与追求，至于一起玩什么游戏则是次要的。随着年龄的增长，大家在一起谈得投机越来越重于玩得投机。

小孩子的友谊，由玩到一起至聊到一起，经过了一个质的飞跃。

在这当中，有许多昔日的好友被淘汰了，也有许多以前从未上心的人忽然变成了密友。小孩子的友谊发展与个人认知能力的发展和性格的成熟有着直接的关系。小孩子需要在友谊的不断变化、选择中明确友谊的基础是什么。在共同的玩耍中，学会产生共情[①]，接纳他人，理解他人，提升友谊的品质，增强心理归属感。

## 成长启示——玩耍中的交流能增进友谊

在我与老博干的友谊当中，我们经历了一个由玩到一起至聊到一起的

---

① 共情，心理学概念，是人本主义创始人罗杰斯提出的，指体验别人内心世界的能力。

升华过程。起初我们交往，纯粹因为我俩都喜欢下象棋。那时，我们下棋的最大乐趣，是棋之赢输及其过程中的相互讥讽。虽然我们都曾红过眼、翻过脸，由棋盘上的较量转为正面的角斗，但这并没有损害我们的友谊基础，因为我们是可以玩到一起的朋友。

到后来，我们的友谊越来越趋向于棋盘外的交流，如棋艺的切磋、棋风的比较、耐力的较量等。我们此时下象棋的乐趣，不仅在于一盘棋的输赢，也在于其过程中思想、智慧的交流。我们从相互讥讽到相互理解与欣赏，从相互争夺到相互礼让，完成了由共同玩耍到共同交流的过渡。在这一过程当中，我们不仅提高了棋艺，也升华了友谊。更重要的是，我们都从共同的玩耍交流中，提高了个人的涵养，磨炼了个人的意志。

回顾我昔日的朋友，老博干与我基本上算是棋友。但那段交往对我后来的人生产生了许多积极的影响。特别是"残局下到底"这条君子协定，对我的人格塑造起了重要的推动作用。这是我们相互交流的结果，也是我们友谊升华的体现。

小孩子需要在友谊的不断升华中获得友谊的滋润与力量，小孩子也需要懂得在游戏中从共同玩耍过渡到共同交流。

## 相关科学研究 3——镜像神经元与共情

20 世纪 80 年代末，意大利帕玛尔大学贾科莫·里佐拉蒂（Giacomo Rizzolatti）的研究团队无意间发现猴子大脑中有一种特别的神经元。当猴子伸手去抓东西吃时，其脑皮层中的这些神经元会活化起来；当看到别的猴子去拿东西吃的时候，这些神经元也活化起来。团队继续研究，在人的大脑中也发现了同样的神经元及活化形态，于是给这种神经元取了个恰如其分的名字：镜像神经元。研究者认为：当我们目睹他人经历特定事件的时候，这些神经元就会和记忆系统、情绪处理系统以及行为组织系统共同发挥作用。

镜像神经元的存在，给我们提供了一个内在模仿和理解他人的生物学机制。它不仅能够帮助我们模仿他人，也帮助我们洞察他人，产生共情，分享交流。

脑的镜像神经元，为我们建立了直通别人内心的通道。它使人能够理解他人的感受，更准确地识别他人的身体语言，也更能够使人换位思考。

┌─────────────────┐
│ 岳博士家教百宝箱 │
└─────────────────┘

游戏是孩子学习与成长的载体。有研究发现，促进孩子神经联结的最好方式就是生动的经验。孩子需要多样化的活动体验，来帮助自己丰富感受、学习知识、促进理解。在此，我有下面的建议。

### 岳博士家教建议7：引导孩子创设游戏，共同分享

家长可利用自然与生活场景，与孩子一起构想故事、设计游戏，进行开放性和结构化交替的游戏活动。当孩子与家长、伙伴一起全情投入游戏的时候，大脑分泌的神经营养素能帮助神经元生长，使神经分叉更多。这一切，都将极大地激发孩子的好奇心、想象力与探索精神。

### 岳博士家教建议8：引导孩子强化规则意识与自我约束

家长可通过群体游戏活动的多重情境，训练孩子的规则意识，自我约束、理解他人、欣赏他人、与他人合作的能力也会得到进一步增强。

**岳博士家教建议 9：引导孩子多玩人际游戏**

在网络游戏盛行的当下，家长要平衡人机游戏与人际游戏，多方面地满足孩子成长的多样化心理需求，促进良好人际关系的建构。

友谊是培养人性情的学校。我们之所以需要友谊，并不是要用它打发时间，而是在人身上，首先在自己身上培养美德。

——瓦西里·亚历山德罗维奇·苏霍姆林斯基（苏联教育家）

# 那一架我打得很惨——如何在欺凌中培养自尊

我虽然血流满头，鲜血染红了上衣，心中却充满了英雄感。毕竟我出了一口恶气，将积压在心头许久的愤怒发泄了出来。

女孩子吵嘴，男孩子打架，差不多是每个小孩子成长过程中必经的事情。

小孩子不经过挫折的磨炼，就难以形成健全的人格。在我成长的年代里，男孩子打架更是司空见惯的事情[①]。那时候，院儿里的男孩子们聚在一起，为了逗趣，时常会挑唆两个男孩子起来打架，其他人在一旁喝彩助威，一如观看拳击比赛那样兴奋。

我在家中是老大，父母多年的教诲是莫动武、和为贵。这一家训在幼儿园时期还吃得开，但上了小学之后就吃不开了。起初，当我与人发生冲突时，我总是能避则避，能躲就躲，结果是越来越容易受别人欺负。曾几何时，我是多么盼望自己有一个哥哥，哪怕是表哥、堂哥之类的，但我只有一个比我小 6 岁的弟弟。

---

[①] 在那个年代，男孩子之间时常以打架来解决矛盾冲突，这种情况相当普遍。所幸的是，在当今社会中，这种现象已大有改变。

当然，我也与其他男孩子打过架，但大多是被动的，也很少打赢。只有一架是我主动迎战的，那一架我打得很惨，却打出了威风和自信。

我们院儿里有一个男孩儿，他长我几岁，由于平时受尽比他年长孩子的欺负，就经常去欺负比他年纪更小的孩子，我常常是他的目标之一。平时遇着他，我总是退避三舍，对他提出的要求也尽量予以满足。可他对我竟得寸进尺，更加无礼，每次相遇总要跟我纠缠一番。

直到有一天，我感到实在忍无可忍，决计豁出去与他拼一场。

那天下午，我们又相遇了，旁边还站着许多孩子。他看见我后，一脸狞笑地走过来，逼我叫他一声"大爷"。这次，我坚定地回绝了他。他顿时变了脸，瞪着眼睛威胁说，如果我不顺从，他就要采取行动了。我则后退了两步，拿好书包，准备应战。我们很快打作一团。

起初，我尽力用书包抽打他，打得书包里的东西满天飞，使他没能占到我什么便宜。但渐渐地我开始体力不支，书包里的东西也越来越少。最后，他终于抱住了我，将我按倒在地，红着眼睛，厉声让我叫他一声"大爷"。我仍坚决不从，并接着与他搏斗。我们的恶战使旁边观战的男孩子们喝彩不止。

后来，我脑袋不知撞上了什么，开始流血，我大声哭喊起来，像一头发了疯的野牛向他冲去，打得他退缩不已。此时，观战中几个向着我的男孩子连忙拉住我，陪我去校医室包扎，一路上还直夸我打得好威风……

我虽然血流满头，鲜血染红了上衣，心中却充满了英雄感。毕竟我出了一口恶气，将积压在心头许久的愤怒发泄了出来。

那一架我打得很惨，却打出一条人生的道理：人越是逆来顺受，就越容易受到别人的欺负，无论它是精神上的，还是肉体上的。从此，我不再惧怕打架，也不再对别人的动武要挟乖乖就范。我更加明白，有些人以武力相迫，其实只是想试一试你的勇气。而一旦你真的严阵以待，他未必就会跟你打架。特别是那个与我打了架的男孩儿，以后见了我似乎总是在躲避我，我的感觉是何等舒畅！

现在想来，其实那男孩儿和我都是那个年代的受害者。我们都生活在受人欺负的恐惧中，只是我们选择了不同的处理方式：我是与他正面交锋，他却去欺负比他更弱小的孩子。而他这样的处理方式，并不能使他摆脱被人欺负的现实，解除其心理压力。

虽然打的那一架在我头上留下了永久的伤疤，但我并不后悔。因为我无法再忍受那孩子对我精神上的折磨，它可能会给我心灵上留下更可怕的伤疤，令我生活在阴影当中，抬不起头。由此，我不再像以前那样对任何事都温良退让，"忍"字为先；我开始懂得让与不让、战与不战的辩证关系；我学会了说"不"字。

更重要的是，我发现自己虽然不是那种天生好斗的男孩儿，但真的打起架来，我并不像自己想象的那般不堪一战。难怪美国前总统富兰克林·罗斯福会说：人生最大的恐惧正是恐惧本身（The biggest fear is fear itself.）。

上中学后，当我学习到英国前首相张伯伦以绥靖政策误国[1]时，我是一学就通。因为我当初对外就是一律采取绥靖政策，结果我一再失去自己的生存空间。后来我改做了丘吉尔[2]，敢于向恶势力做斗争，才争回了

---

[1]　当时，张伯伦以绥靖政策一再满足希特勒提出的领土要求，自以为可以换得永久的和平，结果纵容了希特勒的野心，最终加速了第二次世界大战的爆发。

[2]　温斯顿·丘吉尔，第二次世界大战时期的英国首相，他以坚决抵抗希特勒并领导欧洲的反法西斯战争而闻名于世。

自己的尊严。

当然，我著此文，并非要鼓励小孩子们为维护自己的利益而相互争斗。我只是想说明，人要想获得别人的尊重，首先就要相信自己。当别人欺负你时，你的忍让可能有两种解释：一种是谦让，一种是退让。别让他人误会了你的意思。这既是生活中的辩证法，也是心理学上的常规。

## 心理分析——攻击与被攻击之链

欺负与被欺负的心理学本质，就是正强化与负强化的相互转化。

当遭他人欺负时，你一味地忍让，在你的理解中，这是谦让的表示，可在别人的理解中，这却可能是退让的表示。换言之，你的谦让可能被误解为畏缩与懦弱，使别人对你的欺负行为得到了正强化，促使他变本加厉地强迫你做你不愿做的事情。除非你敢于面对他，通过适当的方式向他表明他不可以这样肆无忌惮地对待你，否则他是不会住手的。也就是说，你需要做出努力使他对你的欺负由正强化变为负强化。

更重要的是，小孩子之间的相互欺负，还可能使受害的一方日后生活在其阴影当中，变成一个胆小怕事的人。所以，小孩子早年受人欺负，蒙受的肉体痛苦可能是暂时的，而精神痛苦却可能是长久的。反过来说，欺负别人的那一方将这种行为形成习惯，那也会极大地影响他的人生路径，打人的那一方同样会被这种攻击行为所害。

一个人小时候就失去做人的尊严，长大之后也难以挺起腰杆来做人，因为他缺乏挺起腰杆做人的经验。反之，小孩子面对别人的欺负，勇敢地拼斗一场，纵使斗败了，也是精神上的胜利，心理上的磨砺。人需要有这种不畏强暴的斗争经历，来强化个人性格中勇敢与坚毅的一面。反过来说，总是生活在失败感觉中的人是注定会缺乏自信心的。

在上述故事中，我最初的软弱与退让强化了那个比我大的男孩儿对我的不尊重与欺负，形成了一种心理学上称为"病理性依恋"的习惯。为了改变这种恶性循环，我与他拼斗了一回，打破了这个恶性习惯链，其结果，我赢得的不仅是他不再欺负我这一结果，还有我挺起腰杆做人的开始。

## 成长启示——培养人格中的自尊

那次恶斗，还使我明白了斗与不斗的辩证关系。特别是那个孩子，本质上就是个欺软怕硬的人。他以前敢欺负我是因为我比他还软，后来不敢再欺负我是因为我比他还硬。

我在这里要特别强调，我不是鼓励小孩子们去互相打架斗殴。我打的那一架是迫不得已的，不是每个矛盾冲突都一定要靠武力加以解决。人应该根据不同情形的需要来调整解决矛盾的方式，也应该根据各自的性格特点来决定什么策略最适合自己。

毕竟，武力不是解决冲突的最佳方式，人也不必勉强自己去做超越个人心理承受能力的事情。

但就我而言，那一架的经历使我懂得了做人的尊严，这是人自信自爱、自我保护之本。在某些情形下，人只有敢于对别人说"不"，才可能使别人对你说"是"。

一个人的勇气是从战胜自我的恐惧与畏缩情绪中培养出来的，一个人也需要有意识地强化个人性格中坚毅的一面。

## 相关科学研究 4——攻击性行为的习得

美国心理学家阿尔伯特·班杜拉（Albert Bandura）提出了攻击行为的社会学习理论（social learning theory）。他认为，人们对攻击行为的习得既可以发生在亲身体验被攻击、虐待后，也可以通过观察别人而习得。

班杜拉曾做过一个儿童模仿攻击充气娃娃的实验。他从斯坦福大学幼儿园选取了 36 位男孩和 36 位女孩，其平均年龄为 4 岁多。他把这些孩子分为两组：攻击组和对照组。

攻击组的孩子被带入一个房间观看一段视频：一个充气娃娃被一个成人实施各种攻击。成人用脚踩它，用手捶打它的脸部，把它举起来再摔在地上，用锤子敲打它的头部，把它放在地上踢来踢去，等等。对照组的孩子也被带入一个房间观看一段视频，其中成人不会对充气娃娃实施任何攻击行为，而是与它和平相处。

观察结束后，这两组孩子被带到同一个房间，房间里有充气娃娃，也有锤子、标枪、球等攻击性工具，还有蜡笔、纸张、小汽车等非攻击性玩具。孩子们被告知可以在这个房间里玩 20 分钟，实验人员则在另一个房间通过单向玻璃观察每个孩子的行为。

实验发现，攻击组的孩子看到充气娃娃后，会对它实施拳打脚踢等攻击性行为；控制组的孩子则不太在意充气娃娃的存在，而是把注意力放在那些非攻击性玩具上面。

实验结果表明：儿童在实验过程中学会了模仿，即模仿成人的行为。

具有攻击性的儿童往往有惯用体罚的父母，或经常受到他人的攻击、虐待。父母或他人的尖声训斥和拳打脚踢，塑造了儿童的攻击性行为。这些人通常也受过来自他们父母或他人的体罚。虽然受虐待的孩子日后并不一定变成罪犯或者虐待子女，但其中大概 30% 的人确实会对自己的孩子实施类似的虐待，这一比例是平均水平的 4 倍。

在家庭和社会中，暴力的结果往往是产生新的暴力。

此外，诸多研究还表明受过攻击的人往往会寻找比他更弱的、更容易攻击的对象去泄愤，而被攻击的对象一而再、再而三的软弱和退让会强化攻击者的成就感，从而导致恶性循环。

大脑相关科学研究发现，长期的攻击性行为，会影响大脑某些区域的结构性异常，抑制大脑前额叶的激活水平，瓦解个体的自控力，而大脑运作机制的某些异常也会导致个体敌意、攻击性行为的增加。

岳博士家教百宝箱

日常生活中，孩子们常常受到来自家庭、文化和大众媒体的攻击性行为的影响，这些不良影响会导致孩子的身心发育异常，人际交往受挫，学业发展受阻。由此，我们需要理解孩子道德价值观和亲和力的塑造是其人格完善中非常重要的一环，应该予以重视。

### 岳博士家教建议 10：培养孩子健康的家庭观念

认识到"父母所具有的最大的力量，就是引导自己的孩子积极向上的力量"。父母要在点滴生活中融入积极的沟通，营造温暖平等的氛围，使孩子形成积极的情感依恋，减少攻击他人、消极适应的心理和行为。

### 岳博士家教建议 11：在孩子的人格塑造中需发挥表率作用

家庭耳濡目染的教养是最早也是最持久地塑造孩子人格的方式。父母对各种人情物事的认知归因、情绪反应、行为应对会浸润式地融入孩子的人格。

**岳博士家教建议 12：引导孩子营造亲和的人际关系**

为培养孩子的健全人格，我们需要共同行动，其中，对校园暴力行为的预防及干预、对暴力网游的禁止都需要我们予以重视。与此同时，在孩子面对欺凌时，要教育孩子有策略地说"不"，积极地去应对，以增强自己人格中的自尊和坚毅的一面。

斗争是掌握本领的学校，挫折是通向真理的桥梁。

——约翰·沃尔夫冈·冯·歌德（德国文学家）

# 做个男子汉——如何在模仿中认同男性

这句话曾深深刺伤了我的自尊心。我感到自己有负于《水浒传》中的英雄人物，于是开始磨炼自己在经受任何痛苦、伤心的事情时都不流泪，因为我要表现得像个男子汉。

小学五年级时，有一阵子我忽然迷上了《水浒传》，做梦都想成为水泊梁山中的一条好汉。那时，一位同学的邻居家有一套旧版的《水浒传》连环画册①，我经常要他带我去那个人家里讨看这套书。每次看完，我都心潮澎湃，激动万分。我深感遗憾自己没能生活在那英雄辈出的年代，成为其中的一分子，广结天下好汉，共举大业。

在《水浒传》塑造的众多好汉当中，我尤其敬佩行者武松。不仅因为他在景阳冈醉酒打虎，打出了一身英雄气概；也因为他说话办事一身正气，不拖泥带水。特别是他对家嫂潘金莲的态度，更显出了一副男子汉的本色。相比之下，我就不大喜欢豹子头林冲，主要是嫌他过分沉湎于

---

① 这套书在当时是属于被批判之列的。

儿女情长。

最喜欢武松那阵子，我曾为他画了好几幅画像，想象他打虎时的英姿。我特意把他的手画得很大，因为手不大，是握不住那虎皮的。

曾几何时，我幻想自己也成为武松似的英雄人物，为天下人所敬仰。连平时说话，我都夹带着他们的日常用语，什么"此事不需大哥劳心，只需小弟出去看个明白"，什么"我看你狂个什么鸟劲儿，看我手中这一枪"。有时，见着同学也抱拳为礼，张口闭口"十八大碗""二十四拳"的。

那段日子里，我感觉自己就是个古人了。

随着年龄的增长，我渐渐淡漠了思古幽情，不再把武松、史进、鲁智深这类古人当作自己的偶像。说话时，我也不再张口"大哥"、闭口"小弟"的了。我开始敬佩鲁迅、闻一多、华罗庚一类的现代人物。

长时间内，我一直把那段经历当作自己成长过程中的一段小插曲，并对当初的许多幼稚想法感到好笑，我不认为那段经历对我的成长起了什么重要作用。但是，自从我学了心理学之后，我逐渐意识到：那段经历其实对我的成长起了很重要的作用——它使我认同了男性的心理特征，也开始培养自己的勇气与豪爽性格。

所以，接触《水浒传》中的英雄人物，我开始形成自己小小的男子汉气概。回想起来，我小时候打得最惨的那一架，正是在那段时间打的，而对梁山好汉的崇拜心理，不能不说是其潜在的动机与力量。

接触《水浒传》中的英雄人物，还使我找到了行动上的认同对象。无论是口头上的"十八大碗""二十四拳"，还是动作上的抱拳为礼、武功架势，都使我醉心于对古人的模仿当中，向英雄靠拢。

曾有一段时间，我被逼与人打架时，总是会大哭一场。结果有的男孩子笑话我总是哭哭啼啼的，像个女孩子。这句话曾深深刺伤了我的自尊心。我感到自己有负于《水浒传》中的英雄人物，于是开始磨炼自己在经受任何痛苦、伤心的事情时都不流泪，因为我要表现得像个男子汉。

从此，我很少在人前哭泣，以至于后来真心想哭时，都流不出眼泪来。

"你在潜意识中对哭做出了太多的压抑暗示，它是你男性认同中的一个重要标志。"这是我的心理学导师后来告诉我的。至此，我才明白当初看的那套发了黄的《水浒传》连环画册，曾怎样塑造了我性格中坚毅的一面。

现在，我时常听到不少家长斥责自己的孩子言行不像男（女）孩子的样儿。或许这些孩子尚未找到自己认同的同性偶像，等什么时候他们找到了这样的偶像，并竭力模仿他们的言谈举止，家长们也许就可以省心了。

男女孩童们时常就是在这样的偶像认同与模仿经历中塑造个人性格的，不是吗？

## 心理分析——性别的认同与模仿

心理学认为：青少年成长中的一项重要任务，是认同男女性别中的典型人物及其心理特征，以他们为榜样来塑造自我形象。这对于青少年形成健康的人格[①]（personality）至关重要。

依照社会心理学理论，人的社会行为主要是群体模仿[②]（imitation）与

---

[①]　人格，心理学概念，是指个体在对人、对事、对己等方面的社会适应中行为上的内部倾向性和心理特征。

[②]　模仿，心理学概念，是指在没有外界控制的条件下，个体效仿他人的行为举止而引起的与之相类似的行为活动。

认同 ①（identification）的结果。在青少年性别特征（sexual identity）的形成当中，男女孩子们皆要在各自的朋友圈子内寻找其鲜明人物来加以模仿，然后再从同伴的反馈中不断调整自己的行为。这是每个孩子性别特征形成所共同走过的道路。

想当初，我对水浒英雄人物的崇拜，就增强了我身上的男子汉气概。

我生长在一个知识分子家庭，父母都是大学老师，绝少与人争斗。上小学之后，由于环境的压力（如受某些比我年纪大的孩子的欺负）及对英雄的崇拜，加速了我对男性突出特征——勇敢与坚毅的认同。

所以，我当时喜欢看《水浒传》连环画册，绝非偶然。它满足了我对英雄的崇拜心理，幻想自己成为武松那种打遍天下无敌手的好汉，不再被人耻笑欺辱。这种偶像认同，很快就落实到具体的行为模仿当中。无论是口念"十八大碗""二十四拳"，还是抱拳为礼、比武打架，都是我当年改变自己原有那副文质彬彬的弱男孩儿形象的表现。

## 成长启示——练就男子汉气概

我就是在这样的心态下练就自己的男子汉气概的，并奋力与那个经常欺负我的男孩子拼斗了一场。那次拼斗的胜利，不但斗掉了我对打架的恐惧，也斗掉了我性格中某些缺乏男子汉特点的部分。

后来，我在读《红楼梦》时，深感贾宝玉的性格实在是太女性化了。这不仅是因为他自小生活在女孩儿堆里，缺乏突出的男性偶像加以认同，

---

① 认同，心理学概念，是指个体向比自己地位或成就高的人的认同，以消除个体在现实生活中因无法获得成功或满足时而产生的挫折所带来的焦虑。

模仿的尽是异性行为，还在于他从小被娇生惯养，没有人敢欺负他（除了他老爹）。如果他自小也生活在遭人欺负的恐惧与搏斗当中，我相信他绝不会变成一个爱吃胭脂，声言"男人是泥做的，女人是水做的"的多情公子。

故此，男孩子的心理成长需要有男子汉形象的认同与模仿。

## 相关科学研究 5——青少年偶像崇拜与榜样学习

心理学研究认为，偶像崇拜是个人对其喜好人物的社会认同和情感依恋。偶像崇拜是青少年社会性发展的标准方向，因为青少年增强的欲望冲动不能只指向父母及同辈人，也需指向像偶像这类较远的人。它是一种对幻想中杰出人物的依恋，这种幻想常被过分地强化或理想化了。就青少年时期的心理变化而言，偶像崇拜可以是青少年自我确认的重要手段。青少年需要从对不同杰出人物的认同和依恋中肯定自我的价值。理性化的偶像崇拜是社会学习，形成成人角色的一个重要环节。青少年从自我迷茫和自我确认的拖延状态中走出来，时常需要经历一些冒险，并且不接受任何说教和过早的自我确认。

脑科学的研究也发现，激励机制与个人的"脑的奖赏"系统密切相关。在某种程度上，榜样的激励融在内在的渴望期待之中，它将产生积极激励的效能，使学生更持久且不厌其烦地参与学习及有益的活动，增强耐挫抗挫力。当合理的预期、适度的压力、积极的信念以及丰富的情感交融时，人的大脑激励系统会产生愉快情感，如享受娱乐、关怀和成就等行为。

有研究者为了检验偶像和榜样之概念差异及其对青少年成长的不同影响，在香港和南京的青少年中做了一项抽样调查。假设两者间存在一种理想化与现实化、浪漫化与理性化、绝对化与相对化的对立关系：偶像一般是一种理想化、浪漫化和绝对化的形象，而榜样则是一种现实化、理性化和相对化的形象。

这三组对立的概念形成了一个六边形模型，其具体描述如下——

**理想化**：偶像崇拜的一个突出特征是理想化，即对依恋对象的特质加以强化和理想化。这种理想化的社会认知会使青少年把其偶像及其特质想象得完美无瑕。

**浪漫化**：偶像崇拜的另一突出特征是浪漫化，即对偶像产生浪漫的幻想和依恋。这种浪漫情怀会使青少年沉湎于对其偶像的种种情爱遐想中，以此幻想自己的爱情生活。

**绝对化**：偶像崇拜的第三个特征是绝对化，即对崇拜偶像投以绝对的信任。它会使青少年对其偶像产生一种近似狂热的追逐和迷恋，以至于把其看成世上最完美的人物。

**现实化**：榜样学习的一个突出特征就是现实化，即对榜样的特质做现实性评估。它会使青少年积极认同那些可具模仿价值的人物，进而使其榜样认同深具世俗性和平常性。

**理性化**：榜样学习的另一个特征是理性化，即对榜样的特质做理性和功利性的评估。它会使青少年不盲目认同、模仿那些与个人能力和志愿不相吻合的榜样特质，进而使其榜样认同深具针对性和功利性。

**相对化**：榜样学习的第三个特征是相对化，即对榜样的认识不极端化，而是相对性地看待那些值得自己学习的人物。它会使青少年较为冷静、客观地认同自己所喜爱的榜样，不盲目地模仿他们，并能认清他们的优缺点和特长。

在青少年偶像崇拜中，偶像与榜样密不可分。但一般说来，偶像在青少年自我发展中只是个过渡性现象，颇具戏剧性和幻想性效果；而榜样则更具实用性、现实性和替代性功能。认同式依恋指青少年对偶像的依恋是以思想认同为基础的，它突出表现为青少年对某个崇拜人物的依恋中充满了想获得类似成功的愿望。有调查表明，对社会名人的认同式依恋会推动青少年的自我确认和励志。

## 岳博士家教建议 13：引导孩子化偶像为榜样

家长要引导青少年理性地看待自己的偶像，实事求是地看待其成就和能力，化偶像为榜样，在追星中强化自我的信心与信念。

## 岳博士家教建议 14：引导孩子在追星中成就自我

家长要与孩子共同分享交流杰出人士成功的内在要素，通过对杰出人士之成功因素的认同，激发孩子自我成长的动力。

## 岳博士家教建议 15：引导孩子不在明星身上过度消费

家长要引导孩子不要在明星身上过度消费，或攀比消费，而是看重偶像的内在特质，从中吸取自我成长的养分。

诸葛大名垂宇宙，宗臣遗像肃清高。

——杜甫（唐代著名诗人）

# 拾粪的苦与乐——如何在吃苦中净化心灵

她那天穿着漂漂亮亮的衣服，骑着崭新的自行车，迎面而来。她看见我拉粪车的一副窘相，一手捂着鼻子急速骑车过去。我当时感到难为情极了，心里别扭了好几天。我很在乎她会怎么想我，因为我还在暗恋她。

我上小学的时候，为支援附近农业生产队施肥，学校时常要求我们去拾马粪交公。通常，我们会一只手拿着簸箕，另一只手拿着小铲子，在马路边上徘徊。每每见着马车过来就跟上一段路，盼望着那马能尽快拉出些粪蛋儿来。而一旦能拾到还冒着热气的马粪蛋儿，心里别提有多高兴，也不觉得它是那么呛鼻子了。

在当时，积极交马粪是要求进步的表现。马粪交得越多，则会受到越多的肯定。因此，每个想获得老师与同学好评的学生都会认真完成这项任务，并争当班里甚至年级里的"拾粪冠军"。所以，那年头我在马路上拾粪，时常会遇见一些同学也拿着簸箕和小铁铲在路边徘徊。

一次，我刚拾完马粪回来，看见另一个同学手拿着空簸箕在路边走。

我过去告诉他在前面不远的地方有几摊马粪，是刚拉出来的。那个同学听了之后，眼睛睁得大大的，说了声"真的？"，接着就往那个方向狂奔。

他一手拿着簸箕，一手拿着小铁铲，跑起来一摆一摆的，样子极为好笑，引起不少路人的注意。后来他告诉我，幸亏他跑得快，因为待他跑到那里时，已经有人在拾了，他只拾到了一半。

就这样，在常人眼中不堪入目的马粪，在我们眼中竟成了宝物。谁都不愿意因没交够马粪而受到老师的批评与同学的鄙视。对于小孩子而言，再没有比受到老师的表扬更感到开心的啦！

上中学之后，学校又开展了一次交马粪的活动，为了照顾女生，只要求男生做。这下可难住了我们男生，因为不能再像小学生那样用簸箕去路边捡粪，我们要用车去拉粪。

可是，到哪里去找那么多的马粪呢？我为此头疼了好几天。后来，得知一个小学同学家里有一头小毛驴，我连夜找到那个同学家，求他助我一臂之力。他满口答应下来，约好一周后我拉车去取粪。

临出门时，我还是不放心，拉着他的手说："看在老同学的分儿上，拉兄弟一把。"

他笑着回答说："不就是一车驴粪嘛，看你急的那样儿。"

一周后，我与另外两个同学拉车去他家取驴粪。我在前头拉车，他俩在后边推车，气喘吁吁地进了学校，交到集粪地点。

那一次，我们组荣获了全校的交肥冠军，得到了学校广播站的一番报道。老师也在班上表扬我在此次集肥活动中起到了模范带头作用，为班集体争得了荣誉。

然而，我并不开心。

因为就在那一天拉车交肥时，我遇见了小学时的同桌。她那天穿着漂漂亮亮的衣服，骑着崭新的自行车，迎面而来。她看见我拉粪车的一副窘相，一手捂着鼻子急速骑车过去。我当时感到难为情极了，心里别扭了好几天。我很在乎她会怎么想我，因为我还在暗恋她。

我懊悔不该在那一天去拉粪，或者哪怕是早一个小时，或是晚一个小时也好。我也埋怨自己怎么不低着头拉车，那样她就认不出我了。虽然那几天里不断有男生来向我这个"新科状元"道喜，但我不愿与人多谈此事，因为我不愿意去触动那埋藏在心底的隐痛。

所以，交肥这件事，令我在感到最光荣的同时，也感到了莫大的耻辱。我当时分不清是喜多还是忧多。

我曾向我的心理学导师谈了这一经历。他沉默了片刻，问我："你现在又怎么看这段戏剧性的经历呢？"

"人要经得起面子上的考验。"我不假思索地回答道。

"不仅如此哦，"他歪着脑袋用手点点我说，"你不觉得这些年来你能上能下，可以积极适应各种生活环境的挑战与这一经历有关吗？"

经他这一反问，我顿悟了。

的确，拾马粪表面上是一件很难堪的事情，但当你把马粪看作"金子"的那一刻，也是你人生顿悟的一刻。手上做着不干净的事情，心灵却可以得到净化，这是早年拾粪的经历给我的教益。

我还感到，人生常常是在荣辱交替中度过的。荣辱的同时出现，虽较其分别出现增加了人自我平衡的难度，但也是升华一个人思想的大好机会。

生活就这样在不经意中教诲着人们许多深刻的道理。

## 心理分析——认知改变后的升华

依照奥地利心理学家西格蒙德·弗洛伊德（Sigmund Freud）的精神分析理论，升华①（sublimation）的意义在于使人将某些痛苦事件的记忆转入社会认可、颂扬的活动中，以获得内心的平衡与满足。这是人抵御精神痛苦的常用手段之一。

在拾粪交公这件事情上，我实际经历了两个不同层次的升华体验：首先是对拾粪认识的升华，其次是对荣辱感觉的升华。

在对拾粪的认识上，我将对马粪的本能厌恶转向对个人与集体荣誉的追求，在最脏的东西（马粪）中寻求最高的精神满足（班集体的荣誉）。这样，我就会心甘情愿地去拾粪，也不觉得马粪是那么呛鼻子了。此时，我开始将马粪看作金子了，这便是我的第一层升华。

似乎我对此次拾粪经历的升华就到此为止了。

我本来可以尽情享受自己辛辛苦苦挣来的荣誉，可在送粪途中，我不期遇见了小学的女同桌。这使我大感尴尬，产生了"我在最光荣的时刻，也感到了莫大的耻辱"的心理反差，使自己进退两难。懊恼之中，我也将那次光荣的经历看作耻辱的经历。

然而，随着年龄的增长和阅历的丰富，我在这件事的认识上又有了进一步的升华。我渐渐懂得：人不要将荣誉看得那么了不起，也不要把耻辱看得那么重。这样，人就可以修得一颗平常心，淡然地看待周围的一切。

这便是我的第二层升华。

---

① 升华，心理学概念，是指一个人将受挫后的心理压抑向符合社会规范的、具有建设性意义的方向抒发的心理反应。

而那次交粪经历中的心理反差，更增强了我的这种升华体验。从此，当我再次想起这段经历时，就不再有那份耻辱感了，反而还有几分庆幸感。因为它提高了我的适应能力，让我变得能屈能伸。我需要这样的生活磨炼，来增强我对荣辱的心理承受力。

## 成长启示——人需要在体验中完善自我

这次经历说明，人应该不断地反省、思考自己做过的事情。

一件屈辱的事情可能会使你头脑清醒，一件荣耀的事情也可能会使你忘乎所以。你每对此多加一分思考，就可能多一分自我觉察和精神上的升华。

人需要在这种不断的升华体验中完善自我。因为，升华个人的精神痛苦和屈辱，不仅是心理平衡的手段，也是人格成长的需要。久而久之，升华便成为你自我平衡与自我超越的杠杆。

升华是人性的药剂，吃得越多就越不觉得苦口。

## 相关科学研究 6——趋避冲突与升华

著名心理学家库尔特·勒温（Kurt Lewin）和米勒（Miller）通过研究认为，基本的心理冲突有"趋避冲突""双避冲突""双趋冲突"。

趋避冲突指同一目标对于个体同时具有趋近和逃避的心态。这一目标可以满足人的某些需求，但又会构成某些威胁，既有吸引力又有排斥力，使人陷入进退两难的心理困境。

"升华"一词是弗洛伊德最早使用的，他认为将一些本能的行动如饥饿、性欲或攻击的内驱力转移到自己或社会所接纳的范围时，就是"升华"。也就是说，升华是把某些冲动和欲望通过某种高尚的行为转变为社会所接受的东西，这是一种"本能目的替换作用"。例如：我国西汉时的史学家、文学家司马迁，一生命运多舛，他因仗义执言，得罪当朝皇帝，被判处宫刑，而在狱里，他撰写了《史记》;《少年维特的烦恼》一书的作者歌德，在失恋时创作了此书。他们都是悲恼者中之坚强者，将自己的"忧情"升华，为后世带来了壮观伟丽的作品。

升华是一种很有建设性的心理作用，也是维护心理健康的必需品，如果没有它将一些本能冲动或生活挫折中的不满怨愤转化为有益世人的行动，这世界将增加许多不幸的人。

脑相关科学研究也发现，经常进行有效的自我调节训练，能够强化大脑前额叶对情绪和行为的自我调节机能。

岳博士家教百宝箱

人在面临困难冲突时，有人一退到底，一蹶不振；有的人积极面对，坚持到底。在这一心理博弈中，升华作为积极的心理防御机制起到了核心作用。它帮助个体在面临挫折或冲突的紧张情境时，有效地解脱烦恼，减轻内心不安，以恢复心理平衡与稳定；激发主体的主观能动性，激励主体以顽强的毅力克服困难，战胜挫折。

### 岳博士家教建议 16：引导孩子培养乐观心态

家长要引导孩子培养在生活困境中的乐观心态，学会在危机中看生机，在困境中练心境，以磨炼个人的韧性和弹性。

## 岳博士家教建议 17：引导孩子学会压力管理

家长要引导孩子运用多种方式来释放焦虑，如通过打球、跑步等来释放压力激素，调节身心节律；进行两极心理放松训练，握紧拳头，绷紧全身的肌肉 30 秒，然后缓缓释放，连续多次；倾听旋律感强的音乐，引发大脑的放松波形。

## 岳博士家教建议 18：引导孩子多参与公益活动

家长要引导孩子通过参与不同的公益活动来开阔视野，培养爱心，学会在参与社会公益活动的过程中释放自己的烦恼。

逆境有一种科学价值，一个好的学者是不会放弃这一大好学习机会的。

——拉尔夫·沃尔多·爱默生（美国文学家）

## 荣辱之间——如何在褒贬中平衡自我

> 我应该感谢那位不喜欢我的老师,她使我体验到什么叫失宠。我需要有这种体验来防止自己因得宠于其他老师而头脑发热,忘乎所以。

在还是小孩子的时候,最开心的事情莫过于受到老师的表扬,最不开心的事情莫过于受到老师的批评。但如果同时受到不同老师的赞扬与批评,你又会感觉怎么样呢?

我上小学时就遇着这样一对老师。

一位老师把我当作她的得意门生,有机会就会叫我回答问题,并一再夸奖我学习好。另一位老师却总看我不顺眼,即使我答对了题也不加以表扬,反而对我学习上的失误冷嘲热讽。她们两人的不同态度,令我的自尊每天沉浮不定。

我之所以得宠于前一位老师,缘于一件小事。上课第一天,她问大家地球转一圈,日期会不会是一样的。同学们都回答说是一样的,唯有我回答说是不一样的(因为以前我家人给我讲过《十万个为什么》)。老师问我为什么不一样,我回答说这是由于在太平洋上,有一条国际日期变更线。

老师在肯定我回答正确的同时，也向全班学生讲解了其中的缘由。

从此，那位老师就对我另眼相待，平时见面总是笑脸相迎。这大大调动了我对她所教的地理课的兴趣，每次上课时都会全神贯注，大脑处于高度兴奋状态，我总是认真完成她布置的作业，考试成绩也一直在班内名列前茅。这便进入了一种良性循环，老师脸上的春风总是在温暖着我的心田，而我课上的积极表现又强化了那春风的劲度。

我之所以失宠于另一位老师，也缘于一件小事。一次，班内举行数学小测验，老师走到我的桌前扫视了我的答卷，提醒我说："你有一个错误，要认真检查啊。"可是，我怎么检查都没有查出那个错误。待我交卷时，老师迅速扫视了一眼我试卷中的那个错误，皱着眉头说："你这个人太自负了，难道我提醒你有错你还不肯承认吗？"

就这样，我不光答错了题，还得罪了老师，真可谓"祸不单行"。可我当时确实是看不出错误，并非是太自负了。从此，每次上数学课时，我都是提心吊胆，生怕老师叫我起来答题。因为我知道，即便我答对了，她也不会说我什么好话，我也怕她会没完没了地挑我的错。更可悲的是，我从此对数学课产生了一种莫名其妙的畏惧，数学作业、考试成绩也不像以前那么出色。这便进入了一种恶性循环，老师脸上的阴云总是笼罩着我的心绪，而我课上不尽如人意的表现，又使那阴云挥之不去。

我就是在这春风与阴云的交替中度过那个学期的。在阴云中我盼望着春风的到来，在春风中我担心着阴云的笼罩。

事隔多年，当我再次遇到那位喜欢我的地理老师时，我问她当初为什么那样看重我。她说她很喜欢我勤奋好学这一点，知识面又广，上课第一天就表现得与众不同，给她留下了深刻印象。而当我再次遇到那位不喜欢我的数学老师时，我告诉她，当初她提醒我认真检查试卷，我是认真照着做了，只可惜没有查出错来。结果，她说完全不记得这件事了。可她哪里知道，她对我的态度，使我对数学的兴趣一落千丈，再也没能恢复元气。

许多年来，我一直怨恨那位数学教师对我的不公态度。但随着岁月的流逝和阅历的增长，我不再怨恨了。因为我懂得，一个人不可能永远生活在成功与颂扬当中。那样他容易变得飘飘然，失去对自我的清醒认识。

因此，我应该感谢那位不喜欢我的老师，她使我体验到什么叫失宠。我需要有这种体验来防止自己因得宠于其他老师而头脑发热，忘乎所以。当然，我也很感谢那位喜欢我的老师。由于她，我直到现在还十分喜欢地理学方面的书籍。

更重要的是，当别人喜欢我时，我会珍惜别人对我的厚爱，我不会得意忘形；而当别人不喜欢我时，我会竭力以实际行动证明自己的价值，不会自暴自弃。

生活就是这样公平，有得则必有失，有失也必有得。而这得中之失与失中之得是什么，就全要靠你自己去不断地感悟、体味了。

得宠与失宠，其实是相辅相成的。

## 心理分析——褒贬之间练乐观

美国著名心理咨询专家、交互分析疗法（transactional analysis therapy）的创始人艾瑞克·伯恩（Eric Berne）认为：人皆渴望得到他人对自我的关爱（caring）与肯定[①]（compliment），特别是得到自己生活中的

---

① 伯恩认为，个人成长中得到他人的关爱与肯定越多，其人格冲突越少，自信心也就越强。反之，人就会充满自卑与焦虑，不善于处理生活中的挫折与打击。

重要人物（这通常包括父母、师长、领导、朋友、恋人等）的关爱与肯定。这是人性之本，也是人格成长的需要。

在上述经历中，我由于受到地理老师的爱护与肯定，每次上她的课时都充满信心，兴趣十足。这极大地调动了我对地理课的学习热情，以至于我参加 1977 年高考时，差点儿去投报地理专业。而在数学课上，我由于受到那位老师的误解与否定，上课时充满焦虑和畏惧，从此不再爱好数学。

就这样，地理老师的赞美之词曾给了我巨大的力量，促使我在其课程学习中最大限度地发挥了自己的能量。而数学老师的讥讽之词曾给了我极大的焦虑，使我在其课程学习当中兴趣锐减，没能发挥出个人的潜能。

由此可见，老师对学生态度的好坏，可在很大程度上左右学生的学习兴趣与潜能发挥。

老师因某种原因对学生态度不公，是学校生活中时有发生的事情。有的学生可能会因承受不了这种因老师的偏心歧视带来的心理压力而一蹶不振，甚至日后都生活在其阴影当中。就我个人而言，我就曾在很长时间内，对那位数学老师耿耿于怀，乃至影响了我对数学课的兴趣和成绩。

这样的经历，在当时是很难给学生带来任何积极影响的。我也是在成年之后，才从这段消极经历中获得积极认识的。因为我看到，人一生不可能尽皆生活在被爱护与肯定的感觉当中。那只是生活的梦幻。如果人总是指望别人说自己的好话，他可能会因满足不了这个欲望而变得越来越自恋①（narcissism），甚至自卑。

---

① 自恋，心理学概念。1968 年，美国心理分析学会将自恋定义为：一种心理的兴趣集中在自身的注意力。

所以，人受点儿委屈，并非就是一件坏事。它可以使你保持头脑清醒，不因受到他人的表扬就头脑发昏，飘飘然。也就是说，人需要在头脑发热时吃副"散热药"，而这副散热药，就是积极看待别人对你的批评或指责，毕竟人无完人，谁都难免出错。

## 成长启示——自我激励与压力管理

一般说来，爱护与肯定一个人会增强他的自信，歧视与否定一个人会加剧他的自卑。然而，这并不是绝对的，自信与自卑是可以相互转化的。它们就如同一面镜子，自信者爱看自己得意与中看的一面，而自卑者却总是盯着自己难看的一面不放。所以，自信不等于没有了自卑，而是战胜了自卑；相反，自卑不等于没有了自信，而是抑制了自信。

因此，一个人自信心的建立与健康人格的成长，不仅得益于他人对自我的欣赏与肯定，也得益于个人善于平衡自信与自卑的关系。换言之，人不要把自卑与自信或得意与失意中的任何一方绝对化、极端化。那样，一个人就能修得一颗平常心，做到在得意时不骄傲自大，在失意时不妄自菲薄，这就是压力的管理。

其实，自信与自卑是人性格中的两面，既相互排斥又相互依存。所不同的是，自信的人生活在对明天的憧憬与期盼中，而自卑的人却生活在对昨天的懊丧与悲哀中。

自信是相对论者，自卑是绝对论者。

自信就是心理平衡，自卑就是心理不平衡。

## 相关科学研究 7——罗森塔尔效应

1968 年的一天，美国心理学家罗伯特·罗森塔尔（Robert Rosenthal）和助手们来到一所小学，说要进行 7 项实验。他们从一至六年级各选了 3 个班，对这 18 个班的学生进行了"未来发展趋势测验"。之后，罗森塔尔以赞许的口吻将一份"最有发展前途者"的名单交给了校长和相关老师，并叮嘱他们务必保密，以免影响实验的正确性。其实，罗森塔尔撒了一个"权威性谎言"，因为名单上的学生是随便挑选出来的。8 个月后，罗森塔尔和助手们对那 18 个班级的学生进行复试，结果奇迹出现了：凡是上了名单的学生，个个成绩有了较大的进步，且性格活泼开朗，自信心强，求知欲旺盛，更乐于和别人打交道。

显然，罗森塔尔的"权威性谎言"发挥了作用。这个谎言对老师产生了暗示，左右了老师对名单上的学生的能力的评价，而老师又将自己的这一心理活动通过自己的情感、语言和行为传递给学生，给学生以"老师喜欢我，我是一个好学生，我能行"的强大心理暗示，使学生变得更加自尊、自爱、自信、自强，从而使各方面得到了异乎寻常的进步。后来，人们把像这种由他人（特别是像老师和家长这样的"权威他人"）的期望和热爱而使人们的行为发生与期望趋于一致的变化的情况，称为"罗森塔尔效应"。

脑相关科学研究也发现，人脑动机的引发与保持比我们想象的要复杂得多。动机的激活需要许多脑组织系统联同运作，相互协调。当外在的激励和适度的挑战融入个人内在的成功需求时，大脑会积聚更多的能量，趋向目标任务的完成。

岳博士家教百宝箱

在人生经历中，我们既会遇到顺境，也会遇到逆境；既会得到他人的认同，也会受到别人的质疑。这是人生的常态，且都具有意义。在青少年的身心发育、人格形成过程中，家长、老师、伙伴等对他而言非常重要的人对其的褒贬评价，都在潜移默化地影响着孩子的自信，塑造着孩子的认知风格、情绪情感和行为模式。我们要积极地引导孩子辩证地看待自己的得与失、获得的表扬与批评，培养压弹力。

## 岳博士家教建议 19：引导孩子积极面对误解非议

家长要引导孩子积极面对他人的误解非议，做到"有则改之，无则加勉"。要练就"耳顺功"，做到无论是听闻好话，还是歹话，都能心平气和。

## 岳博士家教建议 20：引导孩子做好情感垃圾大扫除

家长要帮助孩子清理好自己的情感垃圾（如学习的挫败感、同学的误会、老师的鄙视等），做积极的认知调整，提高压力管理能力，以有效解决学业上的困难和人际冲突。

## 岳博士家教建议 21：引导孩子寻找乐观的事例

家长要帮助孩子寻找乐观与阳光心态的榜样，可通过讲故事、看电视等方式来推动孩子找到身边的榜样。


不可以一时之得意而自夸其能，亦不可以一时之失意而自坠其志。

——冯梦龙（明代文学家）

# 下乡学农——如何在集体生活中完成"断乳"

> 如此辛苦了一天，本想着可以美餐一顿，然后睡个好觉，不想结果是吃不好、睡不了，可是苦大发了。后来不知是谁将此事传了出去，顿时成为全班男女同学的笑料。而作为这一切的策划者，我好几天见人都抬不起头来。

我上初中时，全班同学到呼和浩特市远郊的一个农村学农劳动[①]了一个月。

那是先苦后甜的事情。

初住到老乡家，我们都备感不适。窗户是用纸糊的，布满了窟窿；苍蝇、蚊子随便出入，毫无惧色；土炕[②]是泥砌的，特别硬；夜里又没有电灯，只能点油灯，半明半暗中，总觉得有什么东西在移动。最不习惯的莫过于上厕所。因为老乡家里都没有厕所，只是在屋外墙角用砖头围起一个屎坑，每次大小便都要受到大批绿头苍蝇的骚扰，苦不堪言。

———————————

[①] 我们那时上中学，学校每年都要组织学生下乡学农劳动一个月。

[②] 在北方农村，人们都睡在土炕上。

我们早上 7 点起床，8 点到农田干活儿，中午 12 点回来吃饭。然后睡个午觉，下午 2 点再回农田干活儿，到 6 点收工，6 点半吃晚饭。天黑没多久就上床睡觉。天天都是一个样，什么娱乐活动都没有。

每天早上出工的时候，大家迎着朝阳，扛着铁锹锄头，呼吸着那乡下才有的清新空气，心中犹有一股莫名的兴奋，因为我们不必去上课了。但晚上收工回来，大家拖着疲惫不堪的身子，饿着肚子往老乡家走，心中又有几分怀念学校，因为在学校此时是大家玩得正欢的时刻。

一次，一个同学嘟囔说："这早上觉得下乡好，晚上觉得上学好，真不知在哪儿是好。"他的一句话说得大家都笑了。

我与另外三个男生同住在一个老乡家，朝夕相处，情谊大进。晚上大家躺在炕上，开始还能聊点儿各家祖孙三代的事，到后来就开始聊每天都看见了什么、做了什么。就连今天的馒头比昨天蒸得黄了点儿，谁分的菜比别人多了小半勺这点儿芝麻大的事，也能你一言我一语聊上老半天。

为了调剂生活，我建议星期天去县城的小饭馆吃顿饭，获得大家的一致响应。我们大清早出发，走了两个多小时的土路，才到了县城。找到一家小饭馆，花一块钱买了一盘炒鸡蛋、一盘炒豆腐、半两二锅头和四碗面条。那半两二锅头分了四个小瓷杯装，结果我们谁都没喝完，呷了小半口，脸就红成了一片。

饭馆老板看我们花钱买了酒，又不会喝，觉得好玩，就过来替我们一一喝了下去。这点儿背兴的小事，也能让我们聊上整整三天，争论到底谁比谁多呷了一小口酒。

在我们那个年代，男女同学之间都是不说话的。大家在村口屋前遇着，都是各行其路，不打招呼，可心里都不免要紧张一番。十五六岁的年龄，正当情窦初开，彼此之间谁暗恋谁，只有自己心里最清楚。

有一次，我看见一个体弱的女同学干农活儿慢了些，就设法帮了她一把。不料这一帮，竟使她暗恋了我多年，而我却浑然不知。多年后，另一个女同学告诉我这件事，开玩笑地问我："人家（指那个女生）那么深情地望着你，你就一点儿感觉都没有？"

"没有啊。"我只记得我们每次相遇时，她都低着头走过去。

我的一位同屋暗恋一位女生。由于她的父母是医生，老师就委派她做我们学农劳动期间的"赤脚医生"①。我的这位同屋经常闹头痛，开始时大家都很焦急，问他要不要请那位女同学来看一看，但每提及此，都被他止住了，说自己躺一会儿就会好的。后来，大家看出了其中的奥妙，他一闹头痛就干脆说："要想请×医生过来就吱一声儿。"不料，这句话竟治好了他的头痛病。

除了干农活儿，我们有空还会捉个山鸡野鸟什么的。一次，我们出外巡猎，居然收获了两只山鸡回来，决计犒劳自己一番。我们向房东老乡借了一把菜刀和一些调料，把山鸡开了膛、剔了毛，洗净之后下锅煮了。不料煮的火候不对，盐也放多了，又不知该把鸡胆取出来，结果那鸡肉吃起来又苦又咸又硬，叫人大倒胃口。而晚上睡觉，炕又热得不得了②。

如此辛苦了一天，本想着可以美餐一顿，然后睡个好觉，不想结果是吃不好、睡不了，可是苦大发了。后来不知是谁将此事传了出去，顿时成为全班同学的笑料。而作为这一切的策划者，我好几天见人都抬不起头来。

临离开乡下的前一天晚上，全班同学聚餐，气氛十分热烈。开始时，

---

① 赤脚医生，20 世纪六七十年代指农村里又务农又行医的医务工作人员。

② 在北方农村，炉台是紧靠着炕的，以便于取暖。

男女同学还是各守其道，互不相干。后来不知是哪位胆大的女生开了个头，与我们男生聊上了。就这样，大家突破了往日的男女生界限，尽情地交谈起来。那天晚上，我们男女同学之间讲的话，比同窗两年说的话加起来还要多！

每每回首这段往事，我心里都充满了眷恋之情。表面上，我们是去学农劳动的，但实际上我们是去体验集体生活的。

过集体生活，使我们学会了自主，懂得了生活的艰辛，也增长了人际交往的能力。大家在一起，学的不仅是干农活儿的本事，还有生活的本领。

过集体生活，也使我们懂得了怎样去理解他人、关心他人。特别是男女同学之间，在一个月的共同生活、劳动中，增加了对彼此的了解和关心。那份纯洁的情感，随着岁月的流逝而变得益加淳美、真挚。

过集体生活，还使同学们体会到了大家庭的感觉。往日学习上的竞争、人际关系的冲突，也随着共同的劳动和生活变得风恬月朗起来。

所以说，学农劳动是先苦后甜的事情。

## 心理分析——在集体生活的体验中获得自立

心理学认为：青少年时期是个体从权威人物的控制与监护中分化（individuation）出来的过程，这些权威人物通常包括父母、师长及生活中的其他重要人物。青少年在脱离这些生活中的重要人物时，会充满各种复杂的情绪体验——兴奋、期盼、焦虑、困扰等。他们需要训练自我与父母分离，以缓解其中的心理压力和不适。

换言之，青少年需要在共同的交往、活动中获取这一分化过程中的相互支持与理解，以完成向成人的过渡。青少年尤其需要体验集体生活，以减少与父母分离的焦虑，尝试独立生活的艰难，相互支持，共同成长。

我那次下乡学农，第一次尝到了独立生活的滋味。衣服脏了自己洗，人家做了什么饭就跟着吃什么，干活儿累了也没人诉苦，身体不舒服硬挺着。如果我独自一个人去承受这种种压力，我会觉得很难熬下去。但我生活在集体当中，有大家分担我的困难与焦虑，大家同甘共苦，相互扶持，这使我顺利度过了与父母分化的阶段，迈出了青少年精神断乳 ①（psychological weaning）的第一步。

## 成长启示——集体生活是个人成长的必修课

在一个月的学农劳动中，我们开始把集体看得重于个人，把集体的利益放在个人利益之上，因为我们都好似"天涯沦落人"。我们同吃同住、同苦同乐，感到彼此不可分割，亲如一家人，更加珍惜同学间的情谊。这种集体生活的体验，对于青少年学会独立生活至关重要。

我们煮山鸡吃的那次经历，尤其说明了青少年的特点——热情有余，经验不足。我们四个人在家时都很少做饭，更没有煮过鸡，现在要自己动手来烹制山鸡，当然会笑料百出。这种"偷鸡不成蚀把米"的窘境，恐怕是许多青少年在成长道路上所共有的故事。虽然鸡煮得又苦又咸又硬，但我们毕竟独立做了一餐鸡肉，这一点比什么都可贵。

最后的一次聚餐对我们的成长亦十分重要，因为我们男女同学平时相互都不讲话，处于"冷战"状态，这十分不利于我们心理的正常发育。而

---

① 精神断乳，这里指青少年从父母的呵护下独立出来。

那次聚餐，大家突破了往日的男女界限，尽情地聊了一回，体验了一次男女生之间应有的自然感觉。

由此，集体生活的体验是青少年精神断乳的必要训练。

## 相关科学研究 8——良好的社交和群体活动能提升安全感

社会交往与群体活动是人类生活重要的一部分，比起其他动物，人类的社会关系网络要复杂得多。最近，来自牛津大学的研究者们发现，那些参与社会交往和群体活动密切的人似乎对疼痛更加耐受。

为什么要做这样的研究呢？其实，科学家们是在探寻社交行为背后的神经机制。社会行为在人和其他很多动物中都发挥着重要的作用，但对于这背后的神经生物学过程，现在人们的了解还很有限。

诸多研究都表明，良好的人际关系能够拥有彼此的安慰、分担、支持，这些都会让人产生心理安全感，产生更多的愉悦感，会使 β- 内啡肽这种使人快乐的大脑神经递质增加。β- 内啡肽是中枢神经系统中的一种"天然吗啡"，它作用在阿片受体上，产生镇痛、麻醉效果，并让人感到身心愉悦。具体来说，积极的社交与群体活动会促进 β- 内啡肽分泌，让人从中体验到乐趣；相反，独处则会引起 β- 内啡肽活动水平下降。

【岳博士家教百宝箱】

人作为社会性生物，社会交往、群体活动是生存的基本模式。小的时候在幼儿园有伙伴互动，进入学校有同学团体，进入职场有同事相伴。人的一生都是在与人交往、与人结盟的过程中度过的，人的社会性也集中体现于此。对儿童、青少年来说，良好的同伴关系，以及满足他们健康发展需求的各种各样的群体活动和朝夕相处的集体生活，都会在其成长与发展中凸显出重要的意义，需要各位家长和老师予以重视。

### 岳博士家教建议 22：引导孩子磨炼生活能力

家长要促进孩子全面发展，实施养成教育，磨炼孩子独立生活的能力。家长还要训练孩子的自立意识，放手让孩子在独立生活中磨炼自主自助能力。

### 岳博士家教建议 23：引导孩子融入集体活动

家长要创设各种条件支持孩子的集体活动与团体互动，引导他们将主流价值观、独立生活、自主学习、社会性合作融入集体的活动与生活中。

### 岳博士家教建议 24：引导孩子发挥自身的价值

家长要积极引导孩子将独立性和合作性融合，鼓励他们在团体活动之中发挥个性，以完善自己的人格，形成积极的自我意识。

青少年就是在与同龄人的交往当中认清自我、脱离父母的。

——爱利克·埃里克森（美国心理学家）

## 发动群众——如何在集思广益中培养领导力

第三次开会时，大家果然带来了各方的高招，每个人都说得很兴奋。听着他们大声地争论，我忽然明白了什么叫集思广益，群策群力，运用集体的智慧来克服工作中的困难。我感到群众的力量真是奇大无比。

上初中时，我曾担任班上的学习委员。

初任学习委员，我颇自鸣得意，感到自己是班内两人之下（班主任、班长）、众人之上的人物。然而，我虽然很有工作热情，却不知如何入手，毕竟学校的课程中，没有一门课教授我怎样担任学生干部，一切都得靠自己去摸索。做不好工作的话，岂不就成了"天桥把式"①？

于是，我去请教班主任老师怎样开展学习委员的工作。他告诉我要走群众路线，从群众中了解当前大家面临的学习困难，再去发动群众、依靠群众，运用群众的智慧来加以解决……

听得我迷迷糊糊的。

———————————

① 天桥是北京的一条老街。天桥把式，老北京语，指做事徒有其名。

老师见我直皱眉头，就建议我先开个课代表会，了解一下各方面的情况，再考虑下一步的工作。

这样，我便召开了上任后的第一次会议——课代表联席会议。可是，那次会开得很糟，因为我根本不知道该怎样去"发动群众"。在开会过程中，我一个劲儿要求大家就自己所任课代表的课程学习中的困难发表意见，可他们大多保持沉默，发言者寥寥无几。我忍受不了那一阵又一阵的沉默，不明白他们为什么不愿配合我的工作。在沉默中，我宣布散会，望着大家如释重负地冲出门外，我更感伤心。

我开始觉得做学习委员真是件苦差事，甚至想辞职不干了，图个清闲。就在我灰心丧气之际，班主任找到了我。他听说那次会开得不如意，就问我怎么想。这下子我可找到了诉苦的对象，一股脑儿把心里的委屈都讲了出来。班主任静静地听着，末了问我有没有想过自己在会议的主持上有什么问题。

"这个——"我张了张嘴，什么也没说出来。

接着，班主任告诉我在开会之前要准备一个议程，不能想到哪儿就讲到哪儿。另外，他还提醒我，如果我想听取大家在各科课程学习中的困难，应该先让他们分头了解情况，然后再做汇报。"没有调查就没有发言权嘛。"班主任最后笑着说。

我这下子可明白了"走群众路线"的真实含义。真是不吃一堑，不长一智，于是，我又通知各课代表分头了解同学们在各门课学习中的困难与意见，一个星期后再次开会。作为英语课代表，我也亲自去了解了大家在英语学习方面的困难。

一周后，我们再次开会。

　　这次，我准备了一个大概的开会议程，并首先向大家道歉上次会议没有组织好，耽误了大家的时间。结果这次开会，各位课代表都争先恐后地发言，搞得我连汇报英语课学习困难的时间都被挤掉了。大家谈的内容，有的事关教学安排的问题，有的事关学习动机的问题，也有的事关任课教师的问题。我都做了详细的会议记录。可下一步该怎么办呢？我又去找了班主任。

　　班主任首先肯定了我这次会开得很成功，并问我有什么进一步的打算。我被问住，红着脸半天没说出个所以然。

　　"你还是要依靠群众嘛。"班主任仍是那句话。

　　"怎么个依靠法？"我木然地望着班主任。

　　"你要动员大家集思广益，群策群力，运用集体的智慧想出各种点子来克服当前的学习困难。"班主任启发我。

　　"具体说呢？"我又问。

　　班主任顿了顿说："你可以动员课代表们去向大家了解克服学习困难的具体方法嘛。"

　　于是，我再次通知课代表们召开第三次会议，专门讨论怎样解决上次会上提出的学习问题，我还要求他们分别向同学和任课老师征求意见。我特别强调，这次会议是"点子大会"，不像上次是"问题大会"。

　　我自己也去找了我们的英语老师，向他征求意见。他建议我多开展学习辅导与知识竞赛之类的活动，并答应会尽力帮助我。末了，他还称赞我挺有工作能力的，说得我心里热乎乎的。

　　第三次开会时，大家果然带来了各方的高招，每个人都说得很兴奋。听着他们大声地争论，我忽然明白了什么叫集思广益，群策群力，运用集体的智慧来克服工作中的困难。我感到群众的力量真是奇大无比。

会上，我们决议成立各学科的辅导小组，邀请班内学习出色的同学出任辅导员；我们还决议每个月搞一次知识竞赛活动，由各科课代表与任课教师配合出题，我负责组织安排；此外，我们还负责沟通，请同学们协助我们开展工作。

就这样，班里轰轰烈烈地开展起学习辅导与知识竞赛活动。在此当中，我不断地向课代表们讲解"走群众路线"的道理，说得他们直点头称是，我俨然成了一个发动群众的"大师"。

在我兼任课代表的英语课上，我特别组织了班里几个英语较好的同学，在每天早自习时间带领大家朗读英语课文，并定时为同学们解答问题。后来，我找了一位英语学得不错的同学接替我的英语课代表职务，以使我能有更多的时间投入学习委员的工作。

在交接工作时，我语重心长地对他讲："做课代表的工作，绝不仅是代老师收个作业本、发个通知，你要学会发现大家在英语学习中的普遍问题在哪里，然后运用群众的智慧和力量来加以解决……"

那个学期末，我被评上了班上的"三好学生"，得票之多仅次于班长。望着同学们那殷切的目光，我由衷地感谢他们这样地支持我、信任我、理解我、抬举我。

我感到同学们真是可爱。

回首往事，我很感激当初担任班干部的经历。它使我学到课本上学不到的东西——组织、领导的本领。其中最重要的一条就是要依靠群众，那样你就会摆脱思想上的主观性与行动上的盲目性。在这当中，我不再满足于自己做一个好学生，而是想方设法带动更多的同学成为好学生。单枪匹马是无法完成这项"工程"的，我需要依靠群众的力量来实现这一目标。毕竟群众的智慧是无穷的。

## 心理分析——挖掘集体中每个人的潜能

美国著名心理学家卡尔·罗杰斯（Carl Rogers）主张：人都具有无限的潜能，心理咨询与教育的目标就是要最大限度地挖掘人的这份潜能，使人的自尊自信获得最大限度的满足。这是人本主义心理学[①]（humanistic psychology）的核心思想。

所谓发动群众，本质上就是要挖掘集体中每个人的潜能。这一积极的人生观定会带来群众的积极表现，因为人都在追求他人对自我的信任、爱护与肯定。

在上述经历中，我第一次召开课代表会议时，由于没有给大家时间去事先了解情况，也没让他们准备开会时的讲话，所以他们在会上难以做出积极的反应，而我却认为他们不配合我的工作。这是我不懂得怎样发动群众的表现。

第二次开会，我事先让课代表们去分头了解情况，并在开始时主动承认是自己组织不当，才使上次会开得不成功。这使得第二次会议开得十分热烈，大家都做足了准备，踊跃发言，出现了争先恐后的场面。这是我尊重他们能力的直接收获。

第三次开会，我又鼓励各科课代表进一步了解情况，为解决各科学习

---

① 人本主义心理学，是心理学中的一个流派。它主张积极地看待人性，肯定人都具有无限的潜力，并以自我实现为人生的最高目标。

中的问题出谋划策。这极大地调动了课代表们的工作热情，使每个人都有机会去表现自己的才能。这么做，就是在挖掘每个人的潜能。大家齐心协力，为提高班内同学的学习劲头开展了一系列有益的活动，收效显著。同时，这些活动又使我处于组织者、领导者的地位。

## 成长启示——三个臭皮匠，顶个诸葛亮

所有这些，也极大地挖掘了我个人的潜能。

就这样，发动群众不再是一句空话，而成为实实在在的行动。在此当中，我逐渐认识到，群众是具有无限能量的。如果我工作搞得不好，这不应是他们的问题，而是我的问题。有了这样的认识，我就能够更有效地相信他们、依靠他们，从而开创出工作上的新局面。

这也正是人们常言的"三个臭皮匠，顶个诸葛亮"的道理所在。

从这层意义上讲，发动群众，本质上就是去挖掘每个人的潜能；依靠群众，本质上就是去尊重每个人的自主性。

这也正是人本主义心理学所追求的目标。

## 相关科学研究9——脑力风暴的心理效应

管理心理学有个研究叫"脑力风暴"效应，源于1938年美国创造学家奥斯本（A. F. Osborne）在公司管理中提出的一个著名的命题——"何不让每个员工的头脑卷起风暴"。奥斯本为此而组织的"脑力风暴"座谈会，成功地解决了这个问题，促进了企业的发展。于是一石激起千层浪，"脑力风暴法"迅速得到商界、教育界等社会各界的认同，得到了广泛的

应用。它在激发每个人的发展优势、集思广益、综合各种意见、创意地应对各种问题的解决方面具有很大的效应。

"脑力风暴法"的实施方法如下：

首先将不同个性、各有所长、不同背景的人集中到一起，让他们围绕着完成某一目标任务，互提设想、互相撞击，以求得新创造、新构思的方法。这是一种名副其实的集思广益法，它能使每个参与者在决策的过程中将思考相互冲击，得出自己也想不到的、富有创造性的问题解决方案。因此，也有人称它为"脑力激荡法"或"开窍反应"，这在我国被称为"诸葛亮会"。但是，这个"诸葛亮会"中，没有特定的"诸葛亮"，每个人都必须忘掉自己的身份，全心投入到头脑风暴中。在进行头脑风暴之前必须有君子协定，也可以称为"臭皮匠协定"，按程序有序进行。

"脑力风暴"君子协定如下：

不许评价！——要到头脑风暴会议结束时才对观点进行评判。

异想天开！——说出想到的任何主意想法，不在意奇谈怪论。

越多越好！——点子越多越好，重数量而非质量。

见解无专利！——鼓励综合数种见解或在他人见解上进行发挥。

"脑力风暴"的整个过程鼓励每个人的参与，但是呈现出来的每个观点属于团体。所有参与者能够自由、自信地贡献，才是头脑风暴的积极效应。

脑科学的研究发现，在相互引发、相互激励的团体氛围中，每个人都能够激活大脑的能量，使大脑减弱自我的抑制，直觉性的创意自然地呈现，创造力的巅峰表现也往往出现在评价的撤出，无拘无束、全情投入的过程当中。

岳博士家教百宝箱

我们需要培养孩子在积极的伙伴互动中的领导力，学会运用"脑力风暴法"来调动大家的积极性和参与意识。在这当中，要注意做好下面的事情。

## 岳博士家教建议 25：引导孩子培养个人领导力

家长要鼓励孩子出任学生干部，并以此学会有效沟通、观察他人、自我觉察等，以综合培养孩子的独立思考、公众演讲、团队合作、反省学习等能力。

## 岳博士家教建议 26：引导孩子培养个人创造力

家长要注意发挥孩子的想象力，鼓励孩子开动脑筋，多元思考，并允许适度冒险，教育孩子敢于承担并勇于实践。

## 岳博士家教建议 27：引导孩子学习使用"脑力风暴"

家长要引导孩子学会使用"脑力风暴"，如班级讨论会、进行探究学习、合作作文等。这种发散思维法是创造力的根基，也是沟通的桥梁，只要孩子愿意尝试，就可能激发大家的集体智慧。

群众是真正的英雄。

——毛泽东（无产阶级革命家、战略家和理论家）

自我奋斗篇

# 儿时梦幻多——如何在梦想中聚焦目标

我开始认真地思索自我，按照自己的兴趣、能力和性格特点去寻找自我的人生坐标。想来想去，我终于发现最适合自己的职业是教师，因为我喜欢教书，将来还要做学问。

人生是在对自我的不断探索与开发中度过的。

随着年龄的增长，人对自我的认识在不断加深，对自我的要求也更加具体、明确。从小到大，人对未来会有无数的幻想，但最后真正做成的梦却屈指可数。无论怎样，憧憬人生是人生的一大乐趣。

我儿时的第一个梦想是长大后成为一名司机。

在幼儿园时，我最喜欢玩的游戏是驾驶公共汽车（就是将小凳子一排一排摆起来，看上去好似车上的座位）。每次玩此游戏时，我都设法坐在第一排，拿个什么扁圆的东西当方向盘使，想象着自己在开车逛大街，嘟嘟地嚷着，其乐无穷。

略长大点儿，我梦想成为一名军官。

那时候，我常戴着父母自制的肩章神气十足地走在街上。一次，父母带我去一个军官叔叔家里做客，他为我精心制作了一对两杠三星的肩章缝在我的衣服上。这下子我官拜"上校"，更加神气了。

后来，我在街上遇见另一位真的军官，我清楚地记得他的肩章是一杠一星（少尉）。他见我戴这样的肩章大为不满，说小孩子不可以随便戴这种肩章，叫我回家之后立即摘下来。

他的一句话，吓走了我的军官梦。

此后，我梦想成为一名画家。

我从小就颇有绘画的天分，绘画课的成绩一向很好。闲来尤好在家里作画，一画就是一沓儿。最得意时，我的画曾被父母的同事要了去，挂在他家的墙上，仿佛我已经做起了画家。

上学之后，学校与班里的黑板报都时常有我的插图。可惜我那时绘画，虽天分不薄，却从未有机会得人指教，全凭自己的想象去画。所以到了中学之后，便是江郎才尽，日趋平庸了。

就这样，我很不情愿地告别了我的画家梦。

我还梦想成为一名科学家。

这恐怕是许多知识分子家庭孩子的共同梦想。曾几何时，居里夫人、达尔文、牛顿、爱因斯坦等人成了我的青春偶像，整日我都在做他们的梦，盼望自己将来也能成为他们那样的科学巨匠。但上了中学之后，我发现自己的专长与兴趣不在理科上，也就不再梦想成为科学伟人了。

接着我又改做外交官的梦了。

这与我上中学后爱好英语有关。同时，我的一个亲戚曾在驻外使馆工作过。他寄来的照片令我看了又看，于是他便成了我的精神寄托。我深知，要想成为一个外交官，就必须学好英语。所以我起劲儿地学英语，有一次还用英文给他写了封信。

想当年，"外交官"这三个字眼对我来讲，是多么具有魅力啊！

再长大后，我意识到自己当外交官的梦想是不切实际的。我认为在我当时的生活环境下，是不易有那种际遇的。

我开始认真地思索自我，按照自己的兴趣、能力和性格特点去寻找自我的人生坐标。想来想去，我终于发现最适合自己的职业是教师，因为我喜欢教书，将来还要做学问。

就这样，做教师便成为我最终的梦想。

说来也巧，我梦来梦去竟梦到了自己父母的头上，因为他们都是大学教授，也理所当然地成了我的榜样。从此，我对生活不再有不切实际的空想，有的是脚踏实地的理想。

当然，我并没有因此就不再憧憬人生了。我仍有其他梦想，如写出一手好文章，画出一手好漫画，甚至作出一两首好的歌曲等。但教书与治学，是我主要的人生目标。

回顾我的梦想历程，我感到小孩子的成长过程中不能没有梦想。一个人小的时候没有梦想，长大之后也难以对自我有明确的追求。但随着年龄的增长，人也要学会把空想变为理想，把梦想付诸行动。

在这当中，可以追求到的梦想就是理想，不可以追求到的梦想就是空想。而这一切都取决于一个人有多少自知之明及刻苦奋斗的精神。

小孩子可以生活在梦想的变幻当中，但成人则须生活在对理想的追求当中。

小孩子不怕梦想多，就怕没有梦想；而成人则不怕理想远大，就怕没有行动。

憧憬其实就是希望，人不就是生活在希望中的吗?

憧憬人生，也是人生不可缺少的一部分。

## 心理分析——心理成长阶梯

美国著名心理学家爱利克·埃里克森（Erik Erikson）提出：人的自我发展（或人格发展）共经历了 8 个阶段，其中每个阶段的发展都有其核心任务与成长危机。这些核心任务的顺利完成及成长危机的顺利解决，对一个人的自我成长至关重要。

埃里克森认为，青少年阶段（adolescence）的核心任务是建立自我确认[①]（self-identity），排除自我迷惘[②]（identity diffusion）。儿童进入青少年时期后，其理想自我（ideal self）与现实自我（actual self）的距离会越来越小。他们开始学会以自己的实际能力和客观条件去梦想未来，而不再凭主观的喜好、想象去设计自我。

埃里克森还认为，青少年建立自我确认，本质上就是解答"我是谁"的疑问。在此期间，青少年要认真思索自己是一个什么样的人，适合从事什么职业，有什么特长、优缺点，应该怎样塑造自我，将来想过什么样的生活。青少年越是深入地思考这些问题，就越能认清自我的面目，及早确立生活的目标与方向。由此，他们逐渐学会调整理想自我与现实自我的差距，使之既不因为太遥远而无法统一，又不因为太贴近而没有意义，进而

---

① 自我确认，这里指个人对自我的能力、爱好、性格特点、交友方式、职业发展等问题建立一个全面、清醒的认识，从而为今后的人生设计道路。

② 自我迷惘，这里指个人对自我的认识与发展存在种种困惑与迷惘，以至于不能很好地确立个人的生活目标。

不断寻求个人的自我实现（self-actualization）。

青少年就是在对自我的不断质疑、探索当中形成自我确认的。青少年需要继续憧憬未来，而他们对自我的确认应呼唤那些切合实际的梦想。

## 成长启示——现实自我不断趋近理想自我

综观我的梦想过程，最初的梦想完全是以直觉为基础的，我认为那一定是很好玩的事情。如我对司机与军官的梦想，完全是因为我感到他们很神气、很威风。但我从未考虑过自己有多大能力去实现这样的梦想。当然，那时我还小，是不会想那么多的。

我后来的梦想开始接近现实，但仍缺乏客观条件的支持，所以最终被放弃。如我对画家的梦想，就有相当的实现可能，因为我曾有较好的绘画天分，可惜由于没有得到及时的指导而被荒废了。这是我无可奈何的选择。

我对科学家的梦想也曾给了我很大的激励，推动我去努力学习，可惜我的兴趣不在理科上，最终也放弃了，但这次是我心甘情愿的选择。

我对外交官的梦想纯属一种自我陶醉。我明知它十分遥远，但仍愿这么去梦想，因为它曾给了我巨大的精神力量和学习动力。直到有一天，我觉得不能再这样不切实际地幻想下去了，才忍痛告别了它。

再后来，我将自己的梦想聚焦在传授知识和做学问上。它使我看清了自我的形象，也获得了理想自我与现实自我的最大统一。我感到自己最有能力，也最有兴趣做好这项工作。所以，对教师的梦想增强了我的自我确认，解决了我在自我思考中的困惑与迷惘，使我得以加速向成人的世界迈进。

抚今叹昔，我珍惜自己做过的每一个梦。它们都曾给我很大的动力与快乐，使我一步步走向成熟。

梦想未来，可以不断增强人的自我确认与自我完善。

我依然梦想未来。

## 相关科学研究 10——埃里克森成长八阶段

在发展心理学中，著名的发展阶段理论，例如让·皮亚杰（Jean Piaget）的认知发展的阶段理论、劳伦斯·科尔伯格（Lawrence Kohlberg）关于道德发展的阶段理论、列夫·维果茨基（Lev Vygotsky）的社会性认知理论、埃里克森社会心理发展理论（见表 1）等，都强调个体必须成功

表 1　埃里克森社会心理发展阶段

| 阶段 | 危机 | 充分解决 | 不充分解决 |
| --- | --- | --- | --- |
| 婴儿期 | 信任与不信任 | 安全感和信任感 | 有不安全感，焦虑，害怕被抛弃 |
| 幼儿期 | 自主与羞怯怀疑 | 自主感和自我控制感 | 对能力产生怀疑，自卑，不相信自己的存在 |
| 儿童早期 | 主动与内疚 | 相信自己是创造者 | 害怕犯错；感到自己没有价值、无助和内疚；回避风险，隐瞒错误 |
| 儿童期 | 勤奋与自卑 | 丰富的社会技能和认知技能 | 缺乏自信心，有失败感，对自己或别人吹毛求疵 |
| 青春期 | 同一性与角色混乱 | 自我认同形成，明白自己的优缺点，接受并欣赏自己 | 感到自己角色混乱、变化不定，没有人生目标，不清楚自己的期望 |
| 成年早期 | 亲密与孤独 | 有能力与他人建立亲密的、需要承诺的关系 | 感到孤独、隔绝，否认需要亲密感 |
| 成年中期 | 繁殖与停滞 | 更关注家庭、社会，富有创造性 | 过分自我关注，缺乏未来的定向 |
| 成年晚期 | 自我整合与失望 | 完善感和满足感 | 感到无用、沮丧，甚至绝望 |

地通过一系列心理社会性发展阶段，才能达到认知、情感、道德等人格要素的完善。这些理论提示我们，随着年龄的增长，人们进入不同的发展阶段，都会有各自不同的内在需求和目标。教育需要根据个体心理发展不同阶段的需求和能力去组织教育内容，并以与心理状态相适应的方法开展有效的教育，以促成梦想的实现和理想自我的达成。

脑科学的研究也表明：特定的目标和积极的信念，会使一个人的大脑分泌出更多的多巴胺等化学物质，这些物质会激活丘脑的激励系统，使人产生自然的兴奋感，对渴望达成的行为起到强化作用。

> 岳博士家教百宝箱

一位先哲说："人生最伟大的探险就是对内在世界的探索。"独特的遗传基因，特殊的生活经历，教育的过程，相同或不同的家庭环境、社会文化背景，在人的一生发展中交织在一起，造就了现在的你。教育要做的事就是要以最有效的方式理解孩子的发展需求，发挥孩子的潜能。在此，我有以下建议。

### 岳博士家教建议 28 ：引导孩子追逐自己的梦想

家长要帮助孩子树立自我的人生目标，在成长中追逐切合实际的人生梦想，在行动中获取有利于自我发展的知识和技能，并学会为此承担责任。

### 岳博士家教建议 29 ：引导孩子了解自己的特长

家长要帮助孩子深入了解自己的特长和兴趣爱好，并为此做出不断的努力和必要的调整，以最终促进孩子的个性发展和潜能开发。

**岳博士家教建议 30 ：引导孩子发挥自己的特长**

　　家长要根据孩子的天赋和特点，不断挖掘并发挥其最大的特长。其实，孩子都具有极大的可塑性，家长要给孩子创造有利的条件，尽可能使孩子能力得以发挥，梦想得以实现。


　　人无远虑，必有近忧。

——孔子（春秋时期思想家、教育家）

# 少年偶像——如何在榜样学习中成就自我

曾几何时，我每天学英语都会想起他，心里有无数的话想同他讲，想拜他做大哥哥，请他带我去逛北京城。……多年后，一个偶然的机会，我终于见到了他，可那时我已经心静如水，全无当初那份激动的感觉。

时下的年轻人，大都有自己的青春偶像。

这些偶像人物通常是著名的歌星、影星或体育健将等，特别是那些歌星、影星，街头巷尾经常有他们的画像出售，年轻人买回来挂在家中，朝夕相望，日夜相顾，心里会有无尽的话想对他们讲。如果有朝一日真的相见，心情之激动定当无与伦比。而在我的成长年代是没有这种经历的。

我少年时第一个偶像是雷锋。

雷锋以助人为乐而名满天下，是当年所有年轻人的榜样。在我 10 年的中小学生涯①里，单全国性的学雷锋运动就开展了三次，每一次我都积

----

① “文革”时期，部分地区实施“五三二”学制，即小学 5 年、初中 3 年、高中 2 年，共10 年。

极参与了。那年头，学雷锋就是去做好事。到火车站帮助旅客扶老携幼、搬运行李，到孤寡人家劈柴担水、打扫房屋，到低年级班上帮助同学补习功课、复习考试等，我们都干过。做这些义务劳动，最大的鼓励莫过于被评上"学雷锋标兵"。所以，干活儿累时想起雷锋，劲头就来了。

这就是偶像给我们那个时代年轻人的力量。

比起现在时兴的青春偶像，雷锋要平易近人许多。只要你在做帮助人的事情，雷锋就活在你心中了。雷锋从未照过什么明星像，人们最常见的画像是他头戴棉帽、手握步枪的木刻像，全无当今明星画像的绚丽风姿。雷锋就是这样一个平常的人，可他身上却散发出朴实无华的人格光彩。

我的第二个偶像是得过两次诺贝尔奖的居里夫人（Marie Curie）。

这是我家人为我提供的偶像。我们家很早就有一本居里夫人的连环画册，那是属于我父亲的书，不许我随便翻动。每次翻看时，父亲都要教诲我一番居里夫人是如何勤奋治学、不计名利的。渐渐地，那个深眼窝、高鼻梁的西洋女子便成为我心目中的偶像。我曾幻想自己也像她那样学有建树，成为科学巨匠，造福人类。

父亲还时常给我讲一句很有偶像煽动力的话："当你学习感到困难和没有兴趣的时候，想一想居里夫人就会有劲头了。"初时，这句话确曾使我振奋过、激动过，但后来，随着对英语兴趣的增加，我对理科课程不再像以前那般投入了，居里夫人也渐渐离我远去。

我的第三个偶像是院子里的一个大孩子。

这是我自己找到的偶像。他长我几岁，十分勤奋好学，虽下乡插队，但仍不间断自学。后来他被北京外国语学院（现北京外国语大学）招了去学俄语。于是，他便成为我学习的榜样，我日夜都想着能像他那样，通过自学外语回北京读书①。

曾几何时，我每天学英语都会想起他，心里有无数的话想同他讲，想拜他做大哥哥，请他带我去逛北京城。虽然比起雷锋和居里夫人，他本是一个可以看得见、摸得着的人物，但在我最崇拜他的那段日子里，我一直没有见过他。多年后，一个偶然的机会，我终于见到了他，可那时我已经心静如水，全无当初那份激动的感觉。因为我已经成熟了。

再后来，我心目中不再有一个超越他人的偶像人物。我开始敬仰一大批有才华、有成就、有个性的人物，这当中既有像居里夫人、爱因斯坦一样造福人类、创造历史的非凡人物，也有像雷锋那样无私奉献的平凡人物。在此当中，我感到自己的情感在升华，自己的人格在完善。

我的偶像认同经历了一个由接受他人推荐的偶像人物，到选择自己的偶像人物，再到推翻专一的偶像人物的发展过程。换言之，我经过了一个由相信他人到相信自己的转化过程。

以雷锋为榜样，我学到了什么？

我学到了默默地奉献。那样你就能在平凡的工作中做出不平凡的事业来。你会安于平淡，不会计较你的付出有多少回报。现在想来，雷锋精神之可贵，就在于他有一颗平常心。

以居里夫人为榜样，我学到了什么？

我学到了勤奋和坚定不移。虽然我最终没能成为居里夫人那样的科学巨匠，但她那对科学事业的执着追求深深地扎根于我的心田。

---

① 我出生在北京。早年父母响应政府的号召，支持边疆建设，去内蒙古大学工作，我亦随往。

以那位大哥哥为榜样，我学到了什么？

我学会了希望。他在十分艰难的条件下还坚持自学，靠的是什么？靠的是对未来的希望，尽管那个希望可能是十分渺茫的。而这正是我当时最需要的精神食粮。

心目中不再有单一的偶像，我懂得了什么？

我懂得了自立的可贵。我开始相信自我，鞭策自我，开发自我，塑造自我。我开始明白，任何一个偶像人物都只是成长中的一种过渡，到头来，人还是要靠自己的双手去创造人生。

所以，年轻人的成长过程中不可没有偶像人物。这既是一个事实，又是一种力量，家长应该因势利导、巧加利用才是。但年轻人也不可过分痴迷于某个偶像人物。

说到底，人是为自己的感觉而活着，不是为他人的感觉而活着，不是吗？

人生最大的能量，来自对自我的信任与开发。

## 心理分析——偶像崇拜的力量

心理学将偶像崇拜（idol worshipping）定义为个人认同（identification）与模仿（imitation）某个欣赏人物之言行及其价值的过程。

在偶像崇拜中，既有个人选择与偏好，也有对偶像人物的神化（idealization）。偶像人物的存在，可使人们产生无穷的幻想；偶像人物的言语，也可给人们以极大的力量。在这层意义上，偶像认同不仅是个人偏好的选择，也是自我激励的需求。

心理学还认为：偶像的崇拜过程本质上是一个价值内化[①]（internalization）的过程。人们喜欢某个偶像人物，可以日夜去读他的书，听他的歌，背他的诗，看他的电影。

所以说，偶像崇拜既是一个事实，又是一种动力。

在青少年时期，偶像的崇拜多少带有几分盲从与狂热。这是其成长道路上常见的现象，因为青少年此时还没有完全形成个人的主见，很容易人云亦云，随波逐流。但偶像崇拜的经历应最终使人学会自立，而不是日夜沉迷于某些"追星族"的梦幻中，蹉跎岁月，荒废青春。

毕竟，偶像人物多是些看得见、摸不着的人物。

## 成长启示——偶像崇拜需要价值内化

在我成长的年代，是没有当今那种青春偶像供大家崇拜的。大家都以雷锋为榜样，学习他助人为乐、做好事不留名的奉献精神。这样的偶像模仿，曾使我们那一代人都力图安于平淡，乐于助人。这也是雷锋对我们那个时代的年轻人的价值内化。其实，学习雷锋并非一定要忘我，而是学着不要去急于表现自我。

这是认同雷锋给我的启示。

崇拜居里夫人，使我看到了一个科学家是怎样漠视功名的。居里夫人的个人生活并非一帆风顺，至少不能与丈夫[②]同享第二次获得诺贝尔奖的

---

[①] 内化，心理学概念，是指将看、听、想等思维观点经过内证实践，所领悟出的具有客观价值的认知体系。

[②] 居里夫人的丈夫皮埃尔·居里（Pierre Curie，1859—1906），也是一位出色的物理学家及化学家，他与夫人一同发现了镭元素，并与夫人同获 1903 年的诺贝尔物理学奖，后来不幸亡故于一次交通事故。

欢乐就是居里夫人的终身遗憾。另外，她虽然两次荣获诺贝尔奖，却因女性的身份不能进入法国科学院。但她不计较个人的得失，仍坚持不懈地从事相关科学研究。

这是居里夫人的人格魅力所在，也是模仿她给我的价值内化。

至于那位大哥哥，他成为我的崇拜偶像，主要是因为我自学外语的梦想（上北京外国语学院学习外语）在他身上获得了实现。这使我愈加崇拜他在逆境中坚持自学的坚韧不拔的精神。这种精神上的安慰，就是我对他形象的价值内化。同时，我也曾神化了他的存在价值，把他看得高大无比，近似完人。这也就是为什么后来当我再见到他时，会感到心静如水。

无论怎样，他是我自己独立选择崇拜人物的开始，也曾促进了我当年的思想成熟。

上述三人都曾给我以力量，我在敬仰他们的过程中，逐渐形成了自己的志向和追求，也实现了我的部分梦想。我感谢他们每个人对我所起过的激励作用，没有他们，我就不完全是今天的我。但我最终还是从他们的影子中走了出来，去塑造自我的形象。

这便是我在偶像崇拜中的收获。

偶像之崇拜，贵在内化其价值，而非神化其形象。

说到底，人既需要相信他人，更需要相信自己。

## 相关科学研究 11——精神分析谈偶像崇拜

精神分析理论是弗洛伊德于 19 世纪末 20 世纪初创立的。根据弗洛伊德的性本能理论，青少年偶像崇拜可理解为青少年成长过程中的一种性冲动转移。青少年在自我成长过程中，个体增强的欲望冲动不能只指向父母及同辈人，还需要指向父母之外类似于明星偶像一类的遥远人物，以弥补情感上因脱离对父母的依赖而产生的真空。弗洛伊德认为人的精神活动的能量来源于利比多（libido），它是推动个体行为的内在动力。

新精神分析的代表人物埃里克森对弗洛伊德过于强调生物学因素的观点持否定态度，而强调社会文化因素和本能在个体人格发展中的共同作用。

埃里克森认为，儿童在进入青少年期（12~18岁）后，原有的自我同一性遭到破坏，自我开始出现分裂与危机，个体面临"自我同一性和角色混乱冲突"（conflict between identity versus confusion）的危机。为了解决危机并获得新的同一性，青少年就需要"通过新的以同辈伙伴及家庭外的领袖人物自居的作用"来检验新的自我。而偶像，作为个人认同并信任的对象，反映了个体积极的自我确认，是青少年在成长过程中对现实自我不满足而找寻到的最佳理想自我，是自我同一性的最佳代表。

岳博士家教百宝箱

青少年期是由儿童向成人过渡的特殊发展阶段，有着既不同于儿童，又不同于成人的心理活动方式和内容。在认知、情感、能力、人际交往等各个方面都发生了特殊的变化，出现了一些比较特殊的心理行为反应。亲子冲突、情绪波动、自尊心下降、叛逆行为、从众行为等是青少年期较为普遍的心理特征。偶像崇拜也可以说是青少年在个体成长过程中的一个阶段性行为，也是青少年走向成年的一种过渡行为。孩子需要偶像，偶像可以是亲切交流的朋友，是心灵深处的"启明灯"。

### 岳博士家教建议 31：引导孩子避免迷恋偶像

家长要引导孩子避免陷入对偶像的过度迷恋，以致荒废学业，虚度年华；要促使孩子在对偶像的榜样学习中成就自我的理想。

### 岳博士家教建议 32：引导孩子辩证看待偶像

家长要引导孩子发掘偶像奋斗的历程，从偶像的成长中汲取自我成长的养分，化偶像为榜样，通过对偶像的榜样学习来增强孩子的自信和成长动力。

### 岳博士家教建议 33：引导孩子在追星中学会独立思考

家长要引导孩子在追星中学会独立思考，不因偶像崇拜而丧失个人的批判思维和自我判断，把偶像当作自我成长的坐标而非个人生活的神灵。


榜样的力量是无穷的。

——毛泽东

# 吾为何人——如何在自我探索中确立自我

我的教授在课上说，他之所以喜欢我的作业，就是因为我当年对自我的勾画，真实地反映出一个青少年对自我的积极思考。这样，我对于未来就开始有了切合实际的设想，而不再有各种不适合于自己能力与性格特点的梦幻。

上高一时，我忽然对自己发生了兴趣，在日记中为自己做了一番描述，其中头两段是：

> 吾貌似吾父，性袭吾母。
>
> 尤好文科，不善理科。
>
> 性情温和，粗心大意。
>
> 欲做教师，不适为官。
>
> 学习马虎，小有聪明。
>
> 爱好英语，不好数理。
>
> 善于交往，朋友众多。

尤好作画，不擅唱歌。

…………

这是我人生中第一次认真地审视自我，那一年我 17 岁。

我清楚地记得在写那篇日记时，我是对照着镜子写的。写几句就停下来，对着镜子抠一抠脑门儿上那颗新冒出来的青春痘，接着再写。写完之后，我也未再去想它。偶尔翻看日记本，读到这一篇，只觉得当年的冲动很好笑。

10 多年后，我在哈佛大学读书时，选修了一门青少年心理的课程。教授要求大家写一篇作业，讲述并分析个人青少年时期对自我的认识历程。我就将这篇日记写了进去，并就当时的写作动机进行了一番心理分析。不想这篇作业竟成为那次作业的范文。教授在征得我同意后，将此篇文章印发给班上同学，并强调说，这篇分析实实在在记叙了一个青少年对自我的探索。

的确，回过头来看我当初作的那篇自我写照，其中虽不乏可笑之处，但难能可贵的是，我毕竟写了这样一篇日记。

多年来，我不明白是什么因素促使自己做了这样一件事情，现在我明白了——那是青少年的自我好奇心，我将自己当时的想法记叙下来，成为那一段思索的见证。这正是其价值之所在。

我的教授在课上说，他之所以喜欢我的作业，就是因为我当年对自我的勾画，真实地反映出一个青少年对自我的积极思考。这样，我对于未来就开始有了切合实际的设想，而不再有各种不适合于自己能力与性格特点的梦幻。

他还强调说，自我确认不仅是一个思考过程，也是一个行动过程。青少年对自我有了明确的认识和打算之后，即可以采取积极的行动，实现自己的人生计划。这也正是我记那篇日记之后所做的事情。

教授这样推崇我的文章固然令我十分欣喜，但回想当初，我在思考自己的人生路时，曾经有过许多痛苦的思索，也曾有过不尽的困惑。年少时分，梦幻季节，谁不对未来有几分美丽的幻想？谁不想成个星儿、变个角儿的？但我没有沉溺于这些美丽的幻想，认定教书与做学问是最适合我的事业，并希望将来成为一个学有建树、教有所长的学者。就这样，对知识的探索与传授，便成为我人生的追求目标。

青少年时期是人生中的重要转折期，人由年幼无知的儿童变成一个有头脑、有主见的青年，其中不知要经过多少思索和探究。人只有先了解了自我，才能进一步发展自我。

那位教授还对我照镜子写自己这件事甚感兴趣，评论说我在镜子里照的不仅有自己的面貌（appearance），也有自己的形象（image）。两者的差别在于，前者只是你的外表模样（physical outlook），而后者则是你的内在自我（inner self structure）。他从心理学角度划分人的面貌与形象之区别，如此清晰明了，令我顿有所悟。

当然，我并不认为自己当初写了那篇日记就多么了不起。比起我的同辈人来，我不过是多想了一点儿，多写了几句。其可贵之处不在于我写了多少，而在于我将它写下来这个事实。这也正是那位教授一再强调的一点。

## 心理分析——解答"我是谁"

青少年时期的核心任务是解答"我是谁"的问题。

这个问题解答得好坏，直接影响着青少年向成人世界的过渡。依照美国心理学家马西娅（J. Marcia）的理论，青少年的自我确认大抵有4种方式。

第一种方式是早定（foreclosure），即青少年基本没经过什么困惑与挣扎就认定了自我的特点与发展，这通常是接受了父母及师长对自我的认识与期望。早定之人虽然免除了自我确认中的痛苦思索，却可能因完全认同父母及师长的观念，而缺乏生活的自主性。

第二种方式是拖延（moratorium），指青少年正处于对自我确认的困惑与迷惘当中，尚无法全面地认识自我，建立理想自我与现实自我的统一。所以在徘徊之中，青少年会拖延对自我确认的思考与时间。拖延之人虽然正在经受自我确认的煎熬，却没有放弃对自我的思索。

第三种方式是迷惘（diffusion），指青少年完全陷入了对自我确认的困惑，十脆不再去思考自我，而是得过且过、稀里糊涂地混日子了。迷惘之人不愿面对成人社会的挑战，宁愿生活在自我的浑噩世界中。

第四种方式是达成（identity achievement），指青少年经过对自我的认真思考，终于认定了自我的特点与发展方向，找到了理想自我与现实自我的最佳接合点，充满信心地奔向未来。

马西娅的理论强调了个人的主动性及周围环境对青少年自我确认的影响，使人们看到，青少年的成长需要本人的努力与家长以及社会的配合。

## 成长启示——寻找理想自我与现实自我的接合点

以我的上述故事来举例分析，我的自我确认是介于早定与达成之间的。我的自我成长与事业发展中既有家庭的影响，也有个人的选择。

家庭的熏陶使我很小就立志于学（早定），但是在选择什么学业道路的问题上，我曾多次与父母商讨、争执，最终选定了适合于自己能力和兴趣的发展方向——英语学习（达成）。我与父母的这些讨论和争执，都在促进我对自我的思考与探索。

至于上述日记，它真实地记录了我当时的部分思考，其中每一句话都在描写我的一个侧面。

由于我曾这样努力描述自我，我才得以在后来的人生道路上少走弯路。在这层意义上，我非常同意那位青少年心理学教授所讲的话：重要的不在于你写了多少，而在于你将它写下来这个事实，它证明你在积极思考。

最后有必要指出，在自我确认的四种方式中，不一定哪一种方式就比另一种方式更好。

每个青少年成长的环境与条件是不尽相同的，其需要也不尽一致。只要青少年最终追求积极的人生目标，就是好汉一条。

自我确认，本质上就是在不断寻找理想自我与现实自我的最佳接合点。

年轻的朋友们，你有没有找到这个接合点？

### 相关科学研究 12——胼胝体与自我意识

青少年时期是自我同一性形成的重要阶段，这一时期开始形成对自我状态清晰的感知、描述以及对自我未来发展方向的把握，其中自我意识是非常核心的要素，包括自己的优势和劣势、自己的愿望以及为之努力的勇气。

每个人的大脑皮层，特别是额叶，是人的自我意识、动机、各种思维以及行动力的高地。青春期加快了大脑前额叶神经髓鞘化的进程，使得自我的意识更加清晰而客观。再者，绝大多数心智活动都需要脑的两个半球协作完成。脑胼胝体神经纤维束就是连接两个半球的桥梁，它使得信息可以在左右脑之间快速地传递。

相关科学研究发现：青少年时期，胼胝体不断生长出更多的树突和突触，体积越来越大，这一"桥梁"的成功建设，使得青少年能够更好地整合大脑资源，处理复杂的问题，完成各种困难的任务。最新的研究还揭示了胼胝体与自我意识的关联，新的脑成像技术可深入探究大脑中自我意识的形成过程。还有研究发现，人们对自我的感知主要集中在脑的右半球，而对他人的感知主要集中在左半球。不断强大的胼胝体，使得青少年能够更好地通过他人来了解自己——随着这种意识逐渐成熟，青少年完成了过渡期的任务，成长为成人。

> **岳博士家教百宝箱**

青少年期是介于儿童和成人之间的一个过渡期，也是个体比较容易出现自我同一性危机的时期。这个时期，个体面临的重要发展主题是获得自我认同感，即自我同一性。自我同一性的形成，能够极大地增强个体统筹认知、情感和行为的能力。

### 岳博士家教建议 34：引导孩子深入了解自我

家长要帮助孩子深入了解自我的特点和潜力，寻求自我意识、自我体验和自我控制的和谐统一。家长还要帮助孩子了解自我意识会怎样影响一个人的自我评价和自我行动，以避免消极的自我意识，并构建积极的自我意识。

### 岳博士家教建议35：引导孩子培养积极的自我意识

家长要帮助孩子了解什么是消极的自我意识，什么是积极的自我意识，怎样回避消极的自我意识，怎样树立积极的自我意识，以帮助孩子早日实现自我达成，并以此为基础来构建自己的人生梦想。

### 岳博士家教建议36：引导孩子做事勿求完美

家长要帮助孩子不断发现自我，挑战自我，完善自我。为此，家长要为孩子创造各种有利条件，并推动孩子自己去总结过失，调整行动，以形成清晰的自我意识，把握好未来的发展方向。

知人者智，自知者明。

——老子（春秋时期哲学家、思想家）

# 自学英语——如何在兴趣中追求梦想

> 我当年自学英语，有两个很单纯的想法，一个是毕业后成为呼和浩特市科技局的一名英语翻译，另一个是在我就读的中学任英语代课教师。当时我只想了这么多。

学习英语，是我人生中的一个里程碑事件。

我 13 岁开始学英语，那时"读书无用论"正在盛行，学生们大都不愿多花时间在学习上。即使学习，也是首取大三门"数、理、化"（数学、物理、化学）①，次取小三门"音、体、美"（音乐、体育、美术），绝少有人问津英语。在那个年头，英语实在是太无用了。

但我与英语甚有缘，一开始就喜欢上了它。

为促进我学习英语，父母专门买了一台电唱机回来（那年头，买一台电唱机感觉比现在买一台计算机还要贵），又托人从海外买来了英国的《灵格风英语》教材和唱片②。每天放学回来，我都听上一段，跟着朗诵，

---

① 当时学生中流行一句话："学好数、理、化，走遍天下都不怕。"

② 灵格风英语（The Linguaphone English Course）是全球领先的语言培训机构，始创于 1901 年，也是最早面向全世界发行英语培训教材的机构。

不久就背下了其中 20 多篇课文。就这样，我的英语水平远远超过了班上的同学。

后来，呼和浩特市科技局要举办一个英语翻译培训班。我闻知后，立即让父母设法替我报上了名[①]。我还特请我的班主任老师批准我每周有一个上午去培训班听课，直至培训结束。老师见我如此好学英语，便欣然应允。于是，我成了培训班上年纪最小的学员，这对我精神上的激励，要远远超过我在课堂上的收获。

课程结束时，培训班的老师要求每个学员翻译一篇科技文章。我圆满地完成了任务，得到稿费四元、笔记本一本。这是我有生以来第一次挣钱，我用这钱买了一本英语辞典。

交翻译稿那天，我很腼腆地对主管人说："希望今后还能给我机会翻译英文资料。"他望着我笑了笑说："这样吧，还是等你先从中学毕业了再说吧！"

写至此，我仍清楚地记得那位主管人当时笑的样子，那笑中既有几许无奈，又有几许期许。

说实话，我当年自学英语，有两个很单纯的想法，一个是毕业后成为呼和浩特市科技局的一名英语翻译，另一个是在我就读的中学任英语代课教师。当时我只想了这么多。

为了操练口语，我还尽量寻找志同道合者。结果在另一个班找到一位知音，名叫陈幸，他也很喜欢学习英语。一个星期天，我们相约来到呼和浩特市人民公园，望着那花草树木、假山石径，一会儿一个"That is

---

① 这种培训班当时只对在职进修人员开放，一般不招收中学生参加。我能进入此班学习，是因为其英语教师喜欢我的求学精神，特予招收的。

beautiful, isn't it.", 一会儿一个 "I like that stone, what about you.", 说得我们得意扬扬的。

当时的呼和浩特市几乎没有外国人。我们两个人一路讲英语，引起不少路人的兴趣，他们不相信在呼和浩特市这块地方，除了汉语和蒙古语之外，还会有人讲第三种语言。有一对夫妻，为了搞清楚我们到底在讲什么，足足跟了我们10多分钟，害得我俩半天不敢讲一句英语。

由于我英语学得好，我的中学英语教师有时干脆让我为他代低年级的英语课。我也是初生牛犊不怕虎，让去就去。教发音，练句型，居然还颇受好评。中学还没毕业，就代上了英语课，我备受鼓舞。

当然，我自学英语也不都是净受好评的。我的同桌平时尤好开我的玩笑。一天，他看见我正在起劲儿地念英语，就拍拍我的肩头说："哎哎，歇口气儿。你这么用功学英语管什么用？将来还不得下乡当老农①？"

"马克思说，外国语是人生斗争的一种武器，怎么啦？"我理直气壮地回答说，歪着脑袋望着他。

他翻了翻白眼，半天吭出一句话："你也想掌握人生斗争的武器？也不先撒泡猴儿尿照一照你自己。"

"你……你真是狗嘴里吐不出象牙来！"我气愤地回敬道，同时心里不禁掠过几丝凄凉。

后来，我考上了北京第二外国语学院英语系，他专门来向我道喜。我们还谈起了他那句口头禅，此时他连忙说："不，不，现在得用大镜子照了。"说得我们都笑了。

---

① 那时我们中学毕业，都要去农村插队锻炼，接受贫下中农的再教育。

男同学嘲弄我也就算了，居然还有女同学来起哄。有一段时间，女生中盛传我已经被选中直赴英国牛津大学留学，全国才50个名额。后来一个女生私下问我是否有这回事，我听了真是丈二和尚摸不着头脑。同时，我也大受刺激，当时立誓将来一定要出国留学，让她们看个真格儿的。10多年后，我果真去了英国牛津大学。在游览牛津校园时，我还与家人讲起了此事，很是感慨了一番。

我最初学习英语，只是出于爱好，其梦想不过是成为一名当地的英语翻译或代课教师。不想学习英语竟彻底改变了我的人生。后来，我觉察到，我自学英语的过程，实际上是我人生目标的确立与追求的过程，其奋斗的经历较其结果更为重要。想当年，我自学英语最大的困难不在于学习硬件的不足，而在于我为什么要学英语的困惑。

一个人，认定一个适合自己的生活目标，坚持不懈地为之奋斗，不畏他人的闲言碎语，这本身就是人格的成熟过程。

人的一生是在无尽的希望中度过的。其中有具体行动的希望是理想，没有具体行动的希望就是空想。这个道理明白得越早，人的思想就越成熟，生活中成功的机会也就越多。

生活，其实是很公平的。

## 心理分析——兴趣 + 能力 = 心流

心理学认为，青少年需要经过不断的实践与尝试才能完全建立自我确认。这种实践与尝试可能是很盲目、很困惑的，然而也是很必要的。青少年不经过这样一个痛苦的思考过程，是不足以充分认识自我、发展自我的。

青少年之成长就像破土欲出的幼苗一样，在破土的过程中，青少年要承受许多困惑与迷惘的压迫，一旦破土而出，他们将会接受一片灿烂阳光的沐浴。青少年的自我成长需要有奋斗，尽管他们这种奋斗可能会时有动摇，甚至半途而废。但只要奋斗了，就是好的。

没有奋斗就没有自立，事情就这么简单。

我当年自学英语，缺少今人所拥有的各种有利条件。上大学之前，我没有见过录音机，也没有那么多高质量的英文课本、录音带、录像带可供挑选。那时候，人们又普遍不看好英语，觉得它好像绕口令，绕得舌头直打战。所以大家都不愿去受这份"洋罪"，也瞧不起有人甘受此苦。更可悲的是，那时候中学生毕业后，都要下乡插队，所以对许多人来讲，学英语简直就是"吃饱了撑的"。这便是我当初自学英语所面临的困惑与苦恼。

然而这份苦恼并没有减弱我对英语学习的兴趣，也没有动摇我多年来为此付出的积少成多的努力。现在看来，当时我的兴趣加上我在英语学习上的能力使我获得了心流而备感幸福。

## 成长启示——坚持做自己爱做的事情

我不能说自己有什么先知先觉，我只是坚持做了自己爱做的事情，并从中获取了最大的精神满足。我也不能说自己就一定有什么坚定的信念，我确曾动摇过、犹豫过，但当我的心情平静下来时，我就会去学英语。而班里某些同学对我的冷嘲热讽，更反向激励了我的决心，《钢铁是怎样炼成的》的作者说："钢是在烈火与骤冷中铸造而成的，只有这样它才能坚硬，什么都不惧怕。"我的坚定的信念正来源于此。

"心流之父"米哈里·契克森米哈赖（Mihaly Csikszentmihalyi）教授通过大量的研究，从心理发展的角度提出了"心流＝兴趣＋能力"，当一个人在做某一件事情的时候，被心流充满，他既是幸福的，也能够更成功。

总之，我自学英语的经历，加速了我在自我确认中达成的实现，也强化了我进一步奋斗的决心。我就是在这种阴云的笼罩之下坚持自学英语的。而当我一旦冲破了这层阴云，我的学习劲头就会成倍地增长。这也许是所有 77 级大学生 ① 的共同体验吧。

总之，我的英语学习经历使我在自我确认中，不断坚定了对英语学习的信念，使它最终成为我个人成长道路中的一个里程碑。

朋友，你成长道路中的里程碑在哪里呢？

## 相关科学研究 13——动机激励与大脑奖赏回路

大脑的唤醒理论表明：动机的唤醒与保持是人脑的各个区域，包括脑干网状激活系统、边缘系统、大脑皮层与身体交互作用的结果，当学生受到激励时，大脑这个黑匣子里发生了什么？激励机制与个人的"脑的奖赏"系统密切相关。从某种程度上说，适当的外在激励和挑战，融入内在的渴望期待之中，将产生积极激励的效能，使学生更持久且不厌其烦地参与学习活动，增强耐挫、抗挫的能力。

---

① 1977 年是"文革"后恢复高考制度的第一年。我当年高中毕业，正好赶上头年恢复大学招生。我们那一年能考上大学的人，都备感幸运，怎能不奋发努力呢！

当合理的预期、适度的压力、积极的信念以及丰富的情感交融时，大脑激励系统（大脑奖赏回路）就能够被激活，产生愉快情感，使人能够享受娱乐、关怀和成就等感受。当学生处在好奇心激发、思维激活、探索事物内在联系的过程时，人脑可以产生一种自然的兴奋感，它将引发大脑大量知识的整合加工，使学生感受到高度的自我动机。可以这么说，有效的教育与教学过程本身就是真正的激励。事实上，当学习的体验是积极的时候，几乎所有的学生都会产生良好的、独特的身心反应，从中获益。

**岳博士家教百宝箱**

孩子在成长过程当中，不仅需要自我激励，也特别需要来自家长和老师的真诚的激励，从而使他对学习保持持久的热情、耐心和抗挫折的能力。如何激励孩子的学业动机，培养孩子的胜任感呢？我有下面几点建议。

### 岳博士家教建议 37：引导孩子培养好奇心

家长要不断激发孩子的好奇心，通过生动有趣的方法，如讲故事、看电视、玩游戏来促进孩子的学习兴趣与乐趣，增强孩子的学习参与度，在兴趣中追求梦想。

### 岳博士家教建议 38：引导孩子追逐人生梦想

家长要推动孩子追逐人生梦想，并在此过程中与孩子建立良好的同盟、同伴、同志关系。家长还要避免给孩子强制的命令，而应激励孩子为实现自己的人生目标而奋斗。

**岳博士家教建议 39：引导孩子学会自我激励**

家长要在孩子的梦想追逐中和孩子建立充分的互信和良好的互动，鼓励孩子去自我激励和自我修正，最终走出孩子人生主教练的角色，成为其辅教练，以提升孩子的自信和自我效能感。

世上没有一件具有真正价值的东西不是经过艰苦的劳动而获得的。

——托马斯·爱迪生（美国发明家）

# 私授英语——如何在实践中培养智慧

我教授英语，没有任何收入，有的只是学生家长们对我的夸奖及弟子们对我的崇拜，这就足够了。

我开始教授英语是在 1976 年，那年我 17 岁，正在读高二。

我由于喜好英语，经常求教于校园里的几位英语教师。一天，其中一位教师对我讲："你这样下功夫学英语，干脆办个英语学习班，带动我们的孩子跟你一起学英语吧。"为了不辜负他的厚望，我真的在家中办起了"私塾"，共"招收"了 8 个弟子，其中也包括我弟弟。他们大都比我小五六岁。

我们每周两个晚上上课，每次上课一个小时。上课有课本，下课有作业，期中、期末还有复习考试，蛮像那么回事的。这个英语学习班维持了将近一年。

我教授英语，没有任何收入，有的只是学生家长们对我的夸奖及弟子们对我的崇拜，这就足够了。

开学第一天，我煞有介事地宣布，上课要尽量用英语对话。进门要说"May I Come in?"，出门要说"May I go now?"，提问要说"Excuse me."，迟到要说"I'm sorry."，等等。但我很快发现，这个要求对他们来讲实在是太过分了，因为他们当中大部分人连ABCD都不会念，怎么可能讲得出英语句子？于是，我不再苛求他们，而是先教他们念好英语发音，然后再教课堂用语。

一个月后，他们居然能听懂并掌握我的大部分课堂用语。一次，一位英语教师抽空来"观摩"我的教学，发现我们竟能用简单的英语对话，大为赞赏。这令我与弟子们脸上都大感有光，学习与教学的积极性也大涨。

初为人师，我完全照搬了我的英语老师的教学模式，即讲一段，念一段，练一段。但这种"三段式"的教学法有一个突出的问题，就是不能顾及学生之间的差异。因为在这8个弟子中，有4个弟子的父母是英语老师，他们已经学过一点儿英语。现在要他们练习已经学过的东西，他们很容易分神。

于是，我想出了一个好主意，就是让那些程度较好的弟子带领其他弟子念课文。这下子可以一举三得：第一，调动了那几个已经有一定英语基础的弟子的积极性，使他们可以专心向学；第二，这么做给其他几个弟子树立了榜样，使他们也努力学习，争取领读的机会；第三，也是最重要的一条，我可以借此机会歇口气儿。

我盘腿坐在"太师椅"上，呷着杯中的茶，听着弟子们给我乖乖地朗读英语课文，心里美滋滋的……

这个教学法的变化使我懂得了教学中灵活多变的重要性，也使我对教学产生了更浓的兴趣。特别是看着弟子们的英语水平日益提高，我感到了做教师的快乐。

没多久，我这个小小的英语学习班即远近闻名，不少家长找到我的父母，请求让他们的孩子也入学。但我嫌人多不好练习，答应办完这一期再办下一期。于是这些家长就替自己的孩子在我父母那里先报上了名，等候通知。可惜，我后来复习高考并赴京求学，未能办出第二期、第三期。现在想来，还觉得有负于父辈的厚望。

我的教学基本上是成功的，但也有失误的时候。一次，有一个英文单词我不知道该怎么发音，就打发班上的一个弟子去请教他妈妈（也是位英语教师）。不料她也跟了过来，当面教了我怎样发音，并在课下告诉我："你有什么困难，要早点儿来找我，怎么可以让我的孩子在课中来找我？就是我告诉他了，他的发音又怎么靠得住？"她的一席话，说得我面红耳赤，以后我备课也认真了许多。

结业时，我们还搞了一个正式的"毕业典礼"，请各位学生家长来参加。我给每个学生都做了鉴定，发回了他们的结业考试卷。最后，大家一起唱了一首英文歌，是我教他们唱的。在这歌声中，我结束了这段早年执教"私塾"的生涯。

而那时，我自己也正面临高中毕业。

回首这段往事，我感谢命运给了我这样一个机会去及早地挖掘我的教学潜能。这种中学生办私塾的经历，在当今年代是难以再现的。然而，它对于我的个人成长及对事业的投入，无疑起了积极的推动作用。

我的哈佛心理学导师兴趣十足地听我讲了这段经历后，好奇地问："你们毕业典礼时唱的是什么英文歌？"

"*I love Beijing Tian An Men.*" [①] 我回答道。

"What?"（什么？）他疑惑地望着我。

"噢，它原来是一首中文歌，后来被翻译成英文的。"我补充说。

说完，我们就笑到一块儿去了。

## 心理分析——统一性与差异化的结合

私授英语，为实现我的教师梦提供了一次实践的机会。因为从梦想成为一位教师到真的成为一名称职的教师之间，是有很大一段距离的。为缩短其距离，人就要不断地实践并及时总结经验。

初授那些弟子时，我雄心万丈，恨不得让他们在几堂课内就学会用英语对话。但我很快意识到这是行不通的，因为教学如同学习一样，需要有一个循序渐进的过程。认识到这一点后，我调整了对那些弟子的要求，让他们不会从学习一开始就产生自卑与挫折感。

这一点对于强化学生的学习兴趣和信心至关重要。

最初教学，我完全套用了我的英语老师的"三段式"教学法，但这无法满足我的学生们的个别需求。后来，我让那些英语水平高的弟子带领其他弟子念课文，以使每个人在课上都有事可做。这不但形成了一定的学习竞争气氛，也有效地调动了大家的学习积极性。

---

① 这首歌的中文名为"我爱北京天安门"，在当时是一首很流行的儿童歌曲。为飨读者，我将其中英文歌词附于此：

I love Beijing Tian An Men, 我爱北京天安门，

The sun rises over Tian An Men, 天安门上太阳升，

Our great leader Chairman Mao, 伟大领袖毛主席，

Leading us march forward. 指引我们向前进。

那个时候，我采用的是混龄教学模式，学生们年龄差异较大，准入基础较低，有的已经学过，有的根本没有接触过。如何激发这群学生的学习积极性并使他们学有所得？我直觉地运用了共性和个性有机结合的教学心理元素，取得了很好的成效。

这一做法对于一位经验丰富的教师来讲，不过是雕虫小技，不足为奇，但对于我这样一个从未接受过师范训练的 17 岁高中生来讲，做到这一步曾给了我极大的鼓舞。

## 成长启示——在帮助别人中体现自己的价值

对于我的自我确认来说，这段经历无疑强化了我对教学的兴趣及信心。我初为人师，即能带动起几个弟子学习英语，从中我获得了自我价值的实现。我教这些弟子学英语，受益的绝不仅是他们，也包括我自己。我需要在这样的实践中不断认识、挖掘我的教学潜能。

另一方面，人也需要有别人的肯定与鼓励。我当年教授那几个弟子，没有任何收入。然而家长们对我的夸奖以及弟子们对我的崇拜，给我带来了巨大的精神鼓励和心理满足，这是无法以金钱来计算的。

我不过是一个 17 岁的孩子，高中尚未毕业，就受到了各位父辈的如此器重，能不欣慰吗？特别是当其他家长争相替自己的孩子报名来参加我这个小小的英语学习班时，我真的好感动，感到了自身的价值。

虽然我只办了不到一年的"私塾"，但它却明确了我一生的事业追求——致力于对学问的探求与传授，步入治学之途。

## 相关科学研究 14——差异化教育触发心流

从教育心理学的角度来看，统一化和个性化的教学是一对矛盾综合体。普适性的教学模式是一种基础，但由于每个人的心智成熟度不一，先前知识的储备也有多少之别，因而在普适性的基础上需要融入个性化手段，这样才能更好地迎合每一个学生的心理需求，有效地激发更多学生的学习潜能。

每个人的大脑运作模式都是独一无二的。为更好地契合每个学生不同的认知风格、兴趣特长、情绪和行为反应，使学生都能表达触觉的、视觉的、听觉的、情感的偏好，教育应该以多元化的方式进行，从而帮助更多的学生获得丰富的心流体验。

积极心理学创始人之一米哈里·希斯赞特米哈伊在一系列的研究中发现：当教育活动满足以下条件时，我们的大脑就会产生心流体验，一个人就能够充分发挥其潜能：①目标明确；②难易适度；③积极互动；④有效反馈；⑤过程有趣。他概括并提出了个体获得心流体验的表达式：能力＋兴趣＝心流。

如果我们从这一视角来理解，差异化教育的目标就是需要通过多样化、针对性的努力，让越来越多的学生获得丰富生动的心流体验。

岳博士家教百宝箱

学习的成效不仅是勤奋努力的结果，更是尝试学习策略，形成独特方法的结果。学校往往采用共性的教育，而家庭则可以依据孩子的个性特征和目前的能力状态，采取个性化的教育方式，帮助孩子不断进步。

**岳博士家教建议 40：因材施教**

家长要根据自家孩子的个性特点，实施个性化的家庭教育与学业辅导。差异化家教是家庭教育的成功基础。无论怎样，都是为了对孩子因材施教，获取最大化的成功体验。

**岳博士家教建议 41：利用情境化设计与安排实施教育**

家长要根据孩子的年龄、性别、智能差异，对孩子的教育实施情境化设计与安排。无论是让孩子自学，还是参加辅导班，都是在整合学习资源，激发学习兴趣，让孩子有学习的选择权。

**岳博士家教建议 42：配合孩子成长**

家长要了解孩子的兴趣爱好，并对将其发扬光大及实现梦想予以全力的配合。在这点上，无论是安排孩子参加兴趣班，还是参加辅导班，家长都是在孩子需要的时候，给予孩子所需要的帮助。


教师的最高艺术是用富有独创性的教学方法去传授知识，并给学生带来快乐。

——阿尔伯特·爱因斯坦（犹太裔物理学家、数学家）

# 只有香如故——如何在诗词学习中进行自我激励

　　我渐渐地明白：孤独可以是一种磨炼，可以是一种升华，可以是一种激励，可以是一种美。特别是在我后来自学英语时，我一直以"只有香如故"来勉励自己，盼望着"她在丛中笑"的那一刻的到来。

我学习古诗词，是从背诵毛泽东的诗词开始的。

小学三年级时，我们语文课本中有一首毛泽东的词，名为《卜算子·咏梅》。全文如下：

　　风雨送春归，

　　飞雪迎春到。

　　已是悬崖百丈冰，

　　犹有花枝俏。

　　俏也不争春，

　　只把春来报。

待到山花烂漫时，

她在丛中笑。

这首咏梅词，可谓意境高远，用词隽永，是毛泽东诗词中的代表之作。它歌颂了梅花在寒冬时节的强大生命力。由于毛泽东此词是反陆游[①]的另一首咏梅词之意而作的，所以在我们的课本中也将陆游的原词一并附上。其全文如下：

驿外断桥边，

寂寞开无主。

已是黄昏独自愁，

更著风和雨。

无意苦争春，

一任群芳妒。

零落成泥碾作尘，

只有香如故。

这两首词便是我最早学的古体诗词。

我得感谢毛泽东在此词的题语中提到，他的咏梅词是"读陆游咏梅词，反其意而用之"，否则我是不会同时读到陆游原作的。不知怎的，当时幼小的我，也非常喜欢陆游这首词。特别是其最后一句"零落成泥碾作尘，只有香如故"，给我留下了至深的印象。所以，当其他同学只背诵毛泽东之词时，我连陆游之词也背了下来。

———————————

[①] 陆游（1125—1210），南宋文学家，一生著有大量的诗、词、散文等作品。

一次，老师在课上要求大家默写毛泽东的咏梅词，我把陆游的咏梅词也一并默写下来。课下老师问我为什么这么做，我回答说我也很喜欢陆游的词句，并讲了我的感受。老师听了深深地点点头，拍拍我的头笑着说："你做得很对。"

此后，我还学到了其他的唐宋诗词，但我始终对这两首咏梅词情有独钟，它们是我最早学的诗词，并且我在日后的生活中也一再感悟这两首词的深厚含义。

我渐渐地明白：孤独可以是一种磨炼，可以是一种升华，可以是一种激励，可以是一种美。特别是在我后来自学英语时，我一直以"只有香如故"来勉励自己，盼望着"她在丛中笑"的那一刻的到来。

当时，我将毛泽东与陆游的两首咏梅词比作两种不同的境界。毛泽东之词可谓未来的境界，是我信心与力量的源泉；陆游之词可谓现实的境界，是我自我安慰的方式。所以，这两首词同时表达了我的心境，也给了我不同的力量。

我就是在对这两首词之意境的不断比较与感悟中，度过了我的少年时代。

只可惜，我至今还没有见过冬梅是什么样子的。

## 心理分析——暗示的心理效应

人是生活在希望当中的。

就心理学而言，希望就是一种积极的自我暗示①（auto-suggestion），它

_____

① 自我暗示，这是心理暗示的一种，指个人以某种脱离或超越客观现实的想象来满足自我的需要，以达到某种行为和主观体验的变化。这种心理暗示可以是积极的，也可以是消极的，并会产生一定的身心效应。

可以增强人的自信心与自制力；而绝望则是消极的自我暗示，它只会消磨人的意志与自制力。

积极的心理暗示常常引发对自己未来的期待，而消极的心理暗示往往带来沮丧和绝望。而希望和绝望，往往是一念之差。

初学毛泽东与陆游的《卜算子·咏梅》词时，我接受的只是其字面意思。虽然我当时也对两首词有好感，但毕竟还不能将它们的意境与我个人的生活体验联系起来，背诵它们不过是一种记忆体操。

当然，比起其他同学只背诵毛泽东之词，我还是多做了几个动作。这几个多余的动作没有白做，它为我日后领悟这两首词的意境奠定了基础。上中学以后，我越发喜爱品味这两首词了，因为我已经能够从自己的生活体验中来领悟这两首词的深刻含义了。

## 成长启示——让积极的自我暗示助力成长

品毛泽东之词，我愈加能感受到梅花所展示的强大生命力。在严冬时节，它仍能笑迎暴风雪的洗礼。世间的植物千千万万，有几种可以像梅花这般经得起严寒的考验，最后去向群芳报春？

我当时自学英语，完全不知将来英语会对我有多大的用处，我只知道自己毕业后肯定要下乡。在那样的"寒冬"季节，默诵这首咏梅之词，曾使我一再受到一种莫名的激励。因为严寒终将会过去，而我如能做一个报春者，那该有多幸运啊！

这便是梅花对于我渴望美好未来的自我暗示。

品陆游之词，我也愈加能感受到蕴含在梅花中那淡淡的孤独美。当群芳都在妒忌她、不理会她时，她却没有堕落，即使已经"零落成泥"，且又被"碾作尘"了，她依然能散发出淡淡的幽香。

在我当时自学英语曾被人讥讽嘲笑时，一想起这首词，我就获得了巨大的精神鼓舞。因为人唯有达到"只有香如故"的境界，才能真正体现出自身的价值。

这也是梅花对我自甘孤独的自我暗示。

两首词，两种意境，两种自我暗示，两种美的享受。

此外，毛泽东之词让我感受到梅花的自强精神，我需要吸取这种精神来强化自己对美好未来的追求，于是梅花象征着希望；陆游之词使我感受到梅花对妒忌的蔑视，它使我想起但丁说过的一句话："走自己的路，让人家去说吧！"我也需要从梅花身上强化这种走自己的路的决心，由此梅花又象征着信心。同时，梅花的"俏也不争春"的胸怀和"只有香如故"的气度，也成为我追求的境界。

希望与信心，是我当时最需要的精神养分，我从梅花身上同时获得了这样的自我暗示与满足。

希望与信心，使人懂得什么是爱，什么是生活，什么是人生的追求。


## 相关科学研究 15——暗示是一种内隐式的学习

暗示如何渗透性地融入学习过程？认知心理学家已经将暗示力量融入内隐学习模式之中。

"内隐学习"一词最早由美国心理学家亚瑟·S. 雷伯（Arthur S. Reber）提出，与外显的标签式学习相对应。大量的内隐学习可以通过榜样作用、隐喻、象征、暗示、实践及同龄人示范来轻松获得。内隐学习，并非是逻辑思考延长线上的产物，而往往是在心情放松情况下，积极想象并与当下的自我状态相联结，意识在不知不觉中引发的产物。

有研究表明，内隐学习与外显学习之间是相对的，既有差异又有共性，相互之间有着紧密的联系并彼此影响。外显学习和内隐学习之间具有渗透性，会产生相互促进、相互抑制的现象。

马修（Mathews）等人通过实验得出：内隐学习和外显学习之间存在协同效应，即学习者共同运用外显学习和内隐学习两种方式时，能够极大地提高学习动力和学习效果。

> **岳博士家教百宝箱**

积极暗示的力量可以开发个人的潜能，改变人们的思想，影响人生道路。例如，宋代才子苏洵，27 岁还游荡不思学，直到有一次他见人中了状元，披红挂彩、骑马游街，于是心想：他能如此，我为何不能？这一偶然的自我暗示，改变了苏洵的人生道路。他从此发愤学习，成为一代文豪。不光如此，他还把全部心思放在两个儿子的教育上，成就了苏轼、苏辙这两个大才子。在此，我有下面几点建议。

### 岳博士家教建议 43：引导孩子理解积极暗示

家长要帮助孩子了解心理暗示无处不在，无时不有。无论是老师的一句话，还是书中的一个故事或一首诗词，都可能给孩子的心灵带来巨大的激励和推动力。家长要善于捕捉这个家教资源，引导孩子在对积极暗示的接受中实现自己的家教理念。

**岳博士家教建议 44：引导孩子学会积极暗示**

在生活中，无论是消极暗示还是积极暗示，都能在潜移默化中影响一个人的思想和行为。为此，家长、教师、学生都要学会运用积极的音乐暗示、语言暗示、图像暗示、情境暗示等来树立积极的暗示，消除消极的暗示。

**岳博士家教建议 45：引导孩子激发自我潜能**

家长要通过丰富的良性刺激和情感支持，来最大限度地激发孩子的心智潜能，使大脑得以积极地"神经重组"，提升孩子自我激励的效能。

诗在我们的人生中为我们创造着另一种人生。它使我们生活在另一个世界当中。与那个世界相较，现实的世界显得混杂纷乱。诗使我们得以重新瞩目我们生息其间的宇宙，使我们的灵魂之眼穿透弥漫的尘雾，得以窥见人生的神奇美妙。

——珀西·比希·雪莱（英国诗人）

# 那一天我战胜了自己——如何在学习中抗拒诱惑

> 当我望见对面一座大楼里的许多灯还亮着时，又止住了脚步。我想或许那些屋里的人也在复习功课，既然他们能忍得住不去看电影，我也该忍得住。于是，我第三次转身回楼，坐在复习桌前，心静如水。

人之一生是在与自我的争斗中度过的。人之懦弱与坚强、懒惰与勤奋、仇恨与宽恕、偏执与随和、任性与自制、自私与无私、傲慢与谦虚、小气与大方、忌妒与豁达等对比，无不是自我的角斗场。这些争斗谱写了人生的一个个篇章，亦塑造了人的品格和毅力。

下面就是我的一次亲身经历。

1977 年，全国恢复高考招生，这给所有的年轻人都带来了希望。大家都通过各种方式复习准备，力图考上一所理想的大学。我也在母亲的办公室里夜以继日地复习功课。

一天晚上，学校（内蒙古大学）大礼堂要放映电影《林则徐》。这是我盼望已久的影片，可再过一个星期就要高考了，我觉得仍有许多东西还没有复习好，十分犹豫是去还是不去看电影。

傍晚时分，我望见窗外有人搬着椅子三三两两地走向学校大礼堂（里面没有座椅，需要自备），心里急得直发慌。想来想去，我决定先看了电影再回来复习功课。于是，我搬起椅子，疾步走出办公室。但当我走到楼门口时，忽然望见走廊墙上贴着的一幅标语：

世界上怕就怕"认真"二字[①]

我停下了脚步，缓缓地转身上楼。因为我想对自己认真一回。

回到办公室继续复习功课，我备感心烦意乱，什么都读不进去，满脑子想着那边刚开演的电影。我自幼喜欢历史，尤为敬佩林则徐，早就盼望着能看上这部名片，况且它又是由著名演员赵丹主演的。这些念头就像飞蝇似的在我脑海里飞来飞去，搅得我什么都读不下去。

后来，我索性又提起椅子，冲出门外，心想反正在这里什么也干不了，还不如去看电影。不料在过道上，我遇见一位同在楼里办公的叔叔，他见了我就说："我好几次从楼里出来，看见别人办公室的灯都关着，就你妈那屋的灯还亮着。我还以为是你妈在办公，不想竟是你在用功。好孩子，就这么下功夫，肯定能考上大学的……"

他的一番话，使我为要去看电影的举动深感惭愧，于是我拖着椅子又回到了办公室。

再次坐回复习桌前，我的心略静了一些。毕竟有人鼓励了我一番，心里好受一些。我翻开书，慢慢地看了下去，也能入神思考了。但没过多久，我又开始浮躁起来，心想已经复习了这么多功课，也对得起自己了，

---

① 这是毛泽东的一句语录。

现在去看一半电影该不算过分。

想到这里，我第三次搬起椅子，走出大楼。当我望见对面一座大楼里的许多灯还亮着时，又止住了脚步。我想或许那些屋里的人也在复习功课，既然他们能忍得住不去看电影，我也该忍得住。于是，我第三次转身回楼，坐在复习桌前，心静如水。

又过了一会儿，窗外传来说笑声。我起身望去，见人们搬着椅子向家属区的方向走去，在兴奋地议论着什么。望着他们远去的身影，我心中尤有一股说不出的欣慰，我放弃了一部自己最想看的电影，去做一件自己最该做的事情。虽然其间我三次离开，又三次折回，但最终还是战胜了自我，做了一件令自己终生难忘的事情。

可那一场自我的角斗，我斗得何其艰苦！

依照我心理学导师的观点，这次事件对我的个人成长有着十分重要的象征意义，它使我在做自己该做却又懒得做的事情时，有了一个重要的自我克制的动力。换言之，我由于有了这次成功的经历，以后在面临类似挑战时，都会有意无意地产生"想当年"的感觉，增强自制的力量。

这是我宝贵的精神财富，但当时我并未意识到这一点。

事隔 18 年，我终于在美国借到了《林则徐》电影的录像带。当时，我真是百感交集。我在想，林则徐的坚毅性格自何而来？他是否也经历过无数次像我当初想看有关他的电影的那种"三进三退"的经历？由此，林则徐对我来讲，就不仅是一个历史英雄人物，也是一个人格研究的对象。

人越是能承受困难的压力，也就越具有战胜困难的反弹力。

人之一生，究竟要战胜自己多少回？

## 心理分析——自我－本我－超我的平衡

人类区别于动物的一个基本特征是人具有自制力。

也就是说，人可以超越动物的本能需要，控制自己的行为，获得精神上的满足。

弗洛伊德曾用"本我"（id）一词来形容人的这种本能冲动，用"超我"（superego）一词来形容人的自制能力，用"自我"（ego）一词来形容这两种自我状态冲突的平衡结果。弗洛伊德还认为，超我的形成是人类文明的一个重要标志，超我的能力愈强则人类的文明程度愈高。

其实说白了，超我就是人战胜本我的表现。

人不甘屈从本我的本能需要，使之服从于超我的高层次需要，这就是自我的写照。

换言之，人的自制能力本质上就是要调节个人的感情与意志冲突，做出自己该做却又不想做的事情。

人在与本我的争斗中，有胜有负，有进有退，有得有失，有起有落。但人只要坚持不懈地与之做斗争，就能不断地提高自我的平衡能力，升华自己的精神境界，从而更好地掌握自己的命运。

## 成长启示——意志就是给自己念紧箍咒

在上述经历中，我为要不要去看电影《林则徐》做了一场十分艰苦的思想斗争。其间我三次离开，又三次折回，最后结果可谓两败俱伤——电影没有看成，功课也没有复习好。但我毕竟在这场超我对本我的攻坚战中打了一场大胜仗，使自我更加服从超我的召唤。

此后，当我再次敦促自己去做不想做的事情时，就痛快得多了。这在很大程度上都得益于当初那场"自我攻坚战"的大捷。它像一把利剑似的，在我做事犹豫不定时，一刀劈下去，促使我立即开始行动。

这也是那次经历给我的自我暗示。

换言之，那一天的胜利为我日后的自我克制树立了一面旗帜。直到现在，在我做事犹豫不决时，我还会想起这件事情。既然当年做得到，今日也应做得到，这已经成了我多年来的紧箍咒。所不同的是，我是在给自己念。

当然，在那次看与不看的思想斗争中，我也曾动摇过、松懈过。可幸运的是，每当我欲将此付诸行动时，又被各种偶然因素挡了回来。这事实也表明，在与我的懦弱与任性（本我）的决斗中，我还是不甘放纵自己的超我。

总之，人需要在与自己薄弱意志的攻坚战中打几场漂亮的胜仗，它们会大大增强人自我控制的战斗力的。

人的自制力就好像一个紧箍咒，看你有多大勇气去念它。

## 相关科学研究 16——棉花糖实验

美国斯坦福大学研究团队开启了一项颇具启发性的实验——"棉花糖实验"。实验者通过对幼儿自我控制行为特征进行研究，预测孩子未来的学业成就和幸福感。实验者在幼儿面前的桌上放了两盘棉花糖，一盘里有三颗，一盘里有一颗。实验者对孩子说："一会儿我会出去 10 分钟，在这 10 分钟里，你如果想吃糖，随时可以摇响桌子上的铃铛，这时候我会进来，你能吃一颗糖。但如果你能坚持 10 分钟等到我回来，你就能吃三颗糖。"

科学家花了 40 年时间，不加干预地记录了这些孩子的生活。他们发现那些从小能够抵抗棉花糖诱惑的孩子，在学校更加优秀，职业发展更加成功，身体状况更佳，离婚率也较低。

近来的脑相关科学研究表明：从小就能抵挡各种诱惑，能够自我控制、自主选择的孩子，其大脑前额叶发育更早、更完善。他们各种良好的习惯在早年就已养成，这往往可以预示他们的学习与职业能更成功，生活更幸福，这是先天禀赋、后天环境共同塑造的结果。

岳博士家教百宝箱

人格中的自我控制和意志力，无论是在学业、职场还是在生活当中都是非常重要的，对这一品德的培养需要情景化浸润式地进行。在此，我有下面的建议。

### 岳博士家教建议 46：引导孩子学会延迟满足

在日常的学习和生活中，家长和老师要积极引导孩子抗拒诱惑，延迟满足，培养良好的自控能力。家长要切记"说一千遍不如做一遍"，身体力行为孩子做榜样。

### 岳博士家教建议 47：引导孩子学会抗拒诱惑

家长要捕捉机会，让孩子在日常学习与生活中抗拒诱惑，培养自制力。特别是当孩子想做一件事而不被允许时，家长更要帮助孩子明白这么做是为了什么，让孩子理解父母的良苦用心。

**岳博士家教建议 48：引导孩子学会自我抉择**

家长也要捕捉机会，让孩子在日常学习与生活中学会决策。特别是当孩子面临两难选择时，家长要帮助孩子明辨是非，分清主次，增强孩子自我行动的责任感和意志力。

胜利，属于最坚忍的人。

——拿破仑·波拿巴（19 世纪法国军事家、政治家）

# 我的1977年高考——如何在考试中超常发挥

回首1977年高考，我其实是在积极心理暗示作用下超常发挥了我的水平。那种感觉真是美极了！带着这份美妙的感觉，我开始了那天下午的答题，感觉出奇地顺手，好像那份考卷就是专门为我准备的。

1977年12月13、14、15三日，我参加了恢复高考的第一次考试。那年，我刚好从呼和浩特市内蒙古师范学院附中（现内蒙古师范大学附中）高中毕业。由于是恢复高考后首次考试，而且又来得十分仓促，所以大家都没什么准备，完全靠平时的积累来应战。

我虽然是应届高中毕业生，而且学习成绩在班内一向名列前茅，但对自己的实力仍不放心，担心自己会考砸了。带着这份焦虑，我找到了我的一位高中老师，请他为我做一些高考指点。不料他在耐心解答了我的所有提问后，语气坚定地对我说：

"晓东，以你现在的准备状态，如果你考不上大学，那么我们学校就没有人能考上大学了。所以，你只要对自己有信心，就会发挥出最佳的水平。"

他的话令我感到非常震撼，心想老师这么看得起我，而我却对自己那么没有信心，真是不应该！我还暗自下定决心，一定要在高考中发挥出自己的最佳水平，不让老师对我失望！

带着这样一份鼓励与期待，我全力以赴地投入了接连三天的高考。第一天考下来，我感觉相当不错，但第二天下午考历史时，我由于出门仓促，忘了拿上眼镜，到了考场之后才发现。因为那年的考试题是抄在黑板上的①，我看不清考题，心急如焚，鼓足勇气请求监考老师给我换个位子。他走了过来，亲切地对我说："换位子是不可以的，但我可以把考题交给你，你抄完了再还给我，这不是一样的嘛。"我心头登时涌过一股热流，连声道谢，继续考试。由于发生了不该发生的问题，我在做历史的答卷时，总是有一些心不在焉，眼睛时不时地左右观望。不料这令我更感紧张，因为我看见周围的人都在专心答题，而我却总是走神，这还得了?!虽然到了最后，我也完成了所有的答题，但我总感到这门课没考好，并感到在场的人都比我考得好。

最后一天下午考英语，这是我的主考科目。而我当年的梦想就是能到北京外国语学院（现北京外国语大学）去读英语专业，此外，我的外语辅导老师就是从那所学校毕业的。所以，在考试前，我忽然有一种奇妙的联想，就是此时此刻，我就坐在北京外国语学院的教室里上课，一会儿来的老师不是监考老师，而是给我做英语辅导的那位老师……

回首 1977 年高考，我其实是在积极心理暗示作用下超常发挥了我的水平。

那种感觉真是美极了！

---

① 1977 年恢复高考，来不及印发全国统一的试卷，所以都是各省独立出题。为了防止泄题，当年监考的老师都是现场将考题抄在黑板上。

带着这份美妙的感觉，我开始了那天下午的答题，感觉出奇地顺手，好像那份考卷就是专门为我准备的。"思想在奔驰，下笔如有神。"这是后来我告诉家人对考英语的感受，但我弟弟忽然问我："那你前两天考试，怎么没有这种感觉呢？"我无言以对。

高考过去，等待成绩的日子实在不好受。不知怎的，越到后来，我就越对自己没有信心。我给自己估分，估来估去也不会超过200分[1]。由此我感到很沮丧，连门都不愿出了。偶尔出门，我觉得好像所有人的眼睛都在盯着我，想知道我到底考得怎么样。而那年成绩的公布，是理科的考生先知道成绩。我得知一些同学考过了200分，想着自己可能连200分都过不了，就更感焦灼不安，甚至到了茶饭不思的地步，感觉真是度日如年。

过了几天，我终于得知了自己的高考成绩——233分。我简直不敢相信这是真的，因为它比我原来的估分多了40多分！为求保险，我又请人专门查证了一遍，结果还是一样的，我这才相信这是真的。

这个成绩不仅是文科考生排位最高的成绩，也是全校考生排位第二的成绩。特别是我的英语成绩是62分，竟是全内蒙古自治区高中应届毕业生考分最高的。换在今天，我就是英语科的状元了！由此，我被当年到内蒙古自治区招生的最好的外语科院校——北京第二外国语学院录取。而当年，"北京第二外"在内蒙古自治区共招收了5名学生，应届高中毕业生仅我一人[2]！

我一生的成就，没有超过这一刻的。

---

① 由于是恢复高考第一年，而且又是各省独立出题，加上那年内蒙古教育厅出的考题有些偏难，所以1977年内蒙古考生的"一本"录取分数定在190分。

② 那年的考生录取率是全体考生的5%左右，其中应届毕业生占所有录取考生的20%左右。

## 心理分析——积极的心态触发超常发挥

回首我的高考经历，我首先要感谢我的高中老师对我的激励。他的话给了我巨大的鞭策！现在看来，那是典型的积极心理暗示（属语言暗示），它令我对自己的考试能力充满信心，并超常发挥。而那位历史科监考老师更是用真诚理解对我做了很好的考场心理疏导。他的话语像春雨一样滋润了我当时十分焦虑的心田，使我能将注意力投入到答题当中。这些都是主观幸福感的体现。

对于历史的考试，我最初的感觉是完全考砸了，但后来的结果表明，我的考分还是相当不错的。这使我明白了一个道理，就是成绩的好坏与答题的快慢并无直接联系，关键要看你在面对难题时，能否保持自信，坚持不懈。所以，我答题虽是慢了些，但都答对了，而别人答题虽快，却未必都答得对。此后，每当我参加考试感到紧张时，我就暗示自己：别看我答题慢，可我都在力争答对题；而别人答题比我快，可他们可能在答错题！

英语考得好，这与我考试前的美妙联想有很大关系。那是一种典型的情景暗示作用，它使我考前的心境尤其愉悦，达到自我放松的状态。我的许多中学同学之所以高考没考好，就是因为他们进考场时的心态不对，要么太压抑，要么太紧张，不像我在那一刻感觉的那么舒心宁静。

## 成长启示——高考是"实力、技巧、心态"的综合检验

高考之后，我有一段时间十分忐忑不安，这本质上还是因为我对自己缺乏信心。如果我能保持住在高考过程中的信心，就不会承受后来的煎熬。可见真正的自信对人的心理健康有多重要！

我弟弟当初提出的问题"你前两天考试，怎么没有这种感觉呢"，让我思索了 30 年。现在我彻底想通了——它说明了心理调适对临场发挥的重要性。而这，是可以通过个人努力去实现的。

考场如战场，考的不仅是扎实的专业知识，也考的是个人的心理素质和考试技巧，尤其是一个人的自信！

## 相关科学研究 17——自信能带来更多成就体验

在心理学上，自信泛指人对自我能力的坚定信念和正面评估，它会大大提高人的成就动机，降低人的成就焦虑。自信主要由两个部分组成，自信心与自我效能感。其中前者指个人对自我的正面认知与感受，后者指个人对自我能力的积极信念。心理学认为，自信的基础是个人维持主观幸福感的能力。主观幸福感（Subject Well-being）泛指一个人愉悦的情绪反应、满足及整体的生活满足感。心理学的研究表明，主观幸福感高的人会在各种压力状况下，多体验愉悦情绪，少体验烦恼情绪，多自主行动，少依赖他人；主观幸福感高的人还对未来充满了乐观期盼，并相信人生会越来越美好。美国心理学家埃德·迪纳（Ed Diener）指出，积极心态是主观幸福感最强有力的预测因素。它会使人遇事多看光明的一面，不会对坏事耿耿于怀。美国心理学家伊森（A. Isen）也发现，愉悦心境会使人在思考问题时思路更开阔。

岳博士家教百宝箱

在学习与生活过程中，许多孩子具有相应的智力、技能和体力，然而他们没有成功。究其原因，往往是因为他们大多缺少一样东西——胜任感。在此，我给大家下列建议。

### 岳博士家教建议 49 ：引导孩子增强考试实力

家长要注意培养孩子的考试实力，这包括孩子的学习智力、学习能力、知识掌握。实力是考试成功的关键，实力不到位，无从谈考试发挥。增加实力就是让孩子聚焦大脑的注意力，强化积极思考，提升理解力和有效解决问题的能力。

### 岳博士家教建议 50 ：引导孩子掌握考试技巧

家长要注意培养孩子的考试技巧，这包括答题先通览试卷，做到心中有数；做题先易后难，避免因小失大等。在考场上，不丢不该丢的分，就是最大的得分。

### 岳博士家教建议 51 ：引导孩子磨炼考试心态

家长要培养孩子良好的考试心态，练就对自己行之有效的心理暗示和放松方法。这包括坚定的考试信念、适度的考试焦虑、有效的心理暗示、简便的放松方法等。在考场上，能临危不乱，尽力而为，就为临场发挥做了最佳的准备。


在这个世界上，没有人能使你倒下，如果你的信念还站立的话。

——马丁·路德·金（黑人民权运动领袖）

浪漫情怀篇

# 男女生的"冷战"年代——如何在困惑中走向异性

> 我重归了男孩子的队伍，使他们解除了对我的"隔离"，却也使我对与女孩子的接触产生了莫名其妙的紧张和不安，以至于每当我在街头巷尾遇到相识的女生时，都回避接触，不打招呼，全不似当初同台演戏时那样怡然自得。

在 18 岁上大学之前，每次与女同学讲话，我都会感到紧张而不自然。而且我从来没有与女生单独约会过，也就更谈不上有过什么"春风吻上我的脸"的经历了。

那真是一个漫长的男女生"冷战"期。

记得我上小学二年级时，家属院里有个比我大几岁的女孩子组织起一群男孩儿女孩儿，搞了个"毛泽东思想文艺宣传队"①，排练文艺节目到各地去演出，我也参加了这个宣传队，并被任命为副队长。

因为都是小孩子表演，所以走到哪里都备受欢迎。一时间，我们的小小文艺宣传队竟远近闻名，四处受邀。最得意时，我们曾梦想到北京去参

---

① 这是当年表演各种文艺节目的组织，几乎各个学校、机关、工厂都有这类组织。

加会演。

可是没过多久，我就遇上了麻烦。院里的男孩子们开始不理睬我，他们说我整日与女孩子混在一起，浑身带有"骚气"。于是，他们宣布对我实行"隔离"，规定大家见着我都不要理我，也不许跟我玩，谁破坏了这条规矩就会受到处罚。这条规矩给我带来了巨大的心理压力，迫使我最终不得不脱离那个宣传队。我的离开也带动了其他几个男孩子脱了队。此后不久，整个宣传队都解散了。

我重归了男孩子的队伍，使他们解除了对我的"隔离"，却也使我对与女孩子的接触产生了莫名其妙的紧张和不安，以至于每当我在街头巷尾遇到相识的女生时，都回避接触，不打招呼，全不似当初同台演戏时那样怡然自得。

上中学以后，男女间的性意识更加增强了，这却未能使我在与女生接触时变得轻松自如起来。那时候与女同学讲话，我总会不自觉地抓耳挠腮，目视他方。而且每次说话都是越简单越好，即使是很简单的话，有时还说得语无伦次的。

一次，我组织一个班干部会。除了我之外，还有另外一男二女三个同学参加。但不知怎的，那天只有一个女生来了。我们两人面对面坐等开会，我忽然感到浑身上下都不自在，说话也直打战。倒是那个女生比较坦然，问我今天是不是哪里不舒服。

"没，没什么。"我用手一个劲儿地挠着后脑勺。

"那你为什么说话前言不搭后语的，我都听不清楚你到底要讲什么。"那位女生说道。顿了一下，她提议说："要不然，我们另找一个时间再开会吧？"

"好，好。"我连忙应声说。

"那，下一次什么时候啊？"她又问。

"你，你说呢？"我反问。

"要不就下个星期三吧。我早点通知那个女生，要她一定不要忘了来，你也去通知另一个男生。"

"好，好。"我附和道。

就这样，我们开完了这个会，也不知到底是谁在主持会议。

望着她走出门，我如释重负地舒了口气，发现那只握着笔的手的手心湿乎乎的……

在我中小学的 10 年当中，我从未与任何女同学组成过什么小团体，更不要说去单独约会什么女生了。后来我考上了大学，最初与班上的女同学一起打排球，还觉得不自然。算起来，我上一次与女孩子一起玩，还是在幼儿园的时候。

其实，男女交往本该顺其自然。可惜在我成长的那个年代，男女孩子接触被搞得太不正常了，双方之间的"冷战"期也被大大地延长了，以至于后来男女孩子之间由"冷战"转为"热战"时，变化得太突然，令人毫无心理准备，能不紧张吗？

男女之交往，本该是两情相悦的事啊。

## 心理分析——男女交往发展四阶段

心理学上讲，儿童期到青少年时期男女间的交往大抵经历了四个发展阶段。

第一阶段是男女混玩期，这时候幼童还没有完整的男女性别概念，大家在一起玩，基本上是中性的，也没有分什么特别的男童游戏、女童游戏。

第二阶段是男女分玩期，这时候小孩子们已经开始有了完整的男女概念，并开始按性别分组，各玩各的游戏。如果有谁到另一组去找玩伴，可能会同时受到两组孩子的鄙弃。

第三阶段是男女组合期，此时的少男少女开始突破男女之间的界限，以小组来聚合活动。通常是几个男孩子会同几个女孩子固定交往，但他们还没有开始以一对一的方式交往。

第四阶段是男女浪漫期，此时青少年男女之间已经开始采取一对一的交往方式，传达对彼此的爱慕之意，享受两人世界的浪漫情调，并表现出强烈的排他性。

男女之间之"合久必分，分久必合"的演变过程，是随着个人认知、情感能力的不断成熟与自我意识的日益觉醒而发展变化的。这当中经过了一个由"冷战"到"热战"的转化过程。可惜，在我成长的午代里，上述四个阶段中除了第一、第二阶段属实外，其他两个阶段的发展几乎没有。

然而，我们这个世界是由两性组成的，两性的结合又繁衍了下一代，所以两性的交往本应是越自然越好。虽然在人的心理成长过程中，男女的交往一般会经过一段不自然的"冷战"期，但这不应该使人们对异性产生紧张与畏惧。毕竟，日后多数男女都要过渡到恋爱的"热战"，最终生活在一起。

## 成长启示——两情相悦，人之常情

事实上，男女之间的相互吸引、相互倾慕并非始自青春期（puberty）。小孩子之间很小就会莫名喜欢上一位异性，朦胧中为他（她）烦恼，为他

（她）欢愉。在此时期，纵使男女孩子不在一起玩耍，也不至于去厌恶对方，畏惧对方。

换言之，青少年的性心理发展应该建立在对异性正常的认知与兴趣上，这对于两性之间由"冷战"过渡到"热战"至关重要。人只有对异性充满了健康的性意识，才能充分享受日后"热战"的乐趣。

遗憾的是，在我成长的年代里，我由可以与女孩子怡然自得地同台演戏，到与女同学说话语无伦次，经受了太多的性意识压抑。这种性心理的压制是由那个年代的特定环境造成的。这本是一种很不正常的现象，可在当时，它却成了正常的现象。

所以，青春期的性成熟会使人不断增强对异性的兴趣和向往。青少年应该对与异性的交往充满健康的幻想，那样大家才会自然地交往，并从中学会选择，学会思考，学会友谊与爱情的要领。

男女之间由童年在一起玩耍，到少年各自为政，再到青年相互爱慕，基本上走过了一个"热战—冷战—热战"的路径。

小时候在一起玩耍，女孩子可能会嫌男孩子太生硬、粗暴，不知道怎样玩"过家家"的游戏，男孩子也可能嫌女孩子太事儿，动不动就到老师那里去告状；上学之后，女孩子可能会期望有男孩子来保护自己，帮助自己，而男孩子也可能会希望有女孩子来理解自己，安慰自己；成人之后，男女之间终于可以自由交往，彼此倾诉衷肠，共组家庭。

男男女女就是这样一代又一代地重复着人类生衍的故事。因此，男女的交往理当彼此珍重，自然相处，那样人们就会以健康的性心理状态步入恋爱与婚姻。

上下五千年，纵横十万里，这两情相悦，乃是世人写之不尽、颂之不竭、唱之不衰、演之不绝的主题。这是为什么呢?

## 相关科学研究 18——脑对爱的渴望

青少年时期,大脑的急速发育包括脑结构、神经联结、神经元快速生长和神经递质的变化,这些变化都会增加对爱的身心需求。伦敦大学的塞米尔·泽基(Semir Zeki)博士带领的研究团队,运用功能性磁共振成像技术,对一群热恋中的年轻人脑血流的变化进行研究。

结果发现,当被试盯着恋人照片的时候,他们脑中和欢快情绪尤其与视觉情绪以及成瘾有关区域有明显激活,多巴胺水平也会迅速提高。此外,爱情还会高度激活位于脑干的网状系统,该系统主要负责收集全身的感觉信息,同时控制睡眠和觉醒。而此时,其脑中与理性思考密切相关的区域活动也有所抑制。大脑的这些状态,会促使他们一次又一次寻求这样的欢快体验,而重复的体验也会强化"脑的奖赏回路"。这使他们的精力更加充沛,对个人喜欢的对象及其浪漫有趣的事情记忆更深刻。而恋人越在意对方的感觉,就越坚定爱情的行动。

研究结果还发现,青春期的爱情体验会使人产生强烈的身心渴求与冲动行为,这不仅是因为荷尔蒙与多巴胺的作用,也是因为青少年的前额叶还不够成熟,对性的自控力还比较弱。

面对青春期的情感与性的问题,心理学也开展了许多研究。有关调查与研究表明:青少年中,对两性问题感到神秘的人约占40%,对两性感到恐惧的人占35%,对两性感到羞愧的人占25%;平时经常有性冲动的人占87%。而那些不能正确理解爱情,难以控制性冲动的青少年,通常会自我否定，进而会出现压抑、焦虑、自卑等情况，严重者会影响学习，以及情感的发展和人格完善。

岳博士家教百宝箱

面对青春期孩子的情感发展与冲动，很多家长感到很无奈。爱恋是身心发育自然而然的结果，是生命旅途中的一个里程碑。家长和教师都需以正确的态度引导青春期的爱情，促进青少年情感的健康发展。

### 岳博士家教建议 52：引导孩子正确认识爱与性

家长要用恰当的方式与孩子谈论性和情，建立关于性的规矩，教会孩子学会合理释放性的压力，培养孩子延迟满足的能力。

### 岳博士家教建议 53：引导孩子抵制不良的性诱惑

家长要激发孩子的自制力，学会自觉杜绝网络及其他途径的色情诱惑，维护情感的健康发展。

### 岳博士家教建议 54：引导孩子与异性正常交往

家长和学校要构建校本系统课程，用科学的精神和人文的关怀理解孩子的身心需求，鼓励学生与异性的正常交往。

人类终于发明了爱情，使它成为人类最完美的宗教。

——奥诺雷·德·巴尔扎克（法国文学家）

# 莫名我就喜欢你——如何在好感中理解异性

她那次来见我，头自始至终都是半低着，偶尔抬起头来，也是侧视他方。但我注意到她的脸一直是红的，说话时嘴在颤抖，而我的心也一直在怦怦地跳……

莫名我就喜欢你

深深地爱上你

没有理由

没有原因

…………

以上这段流行歌词，用来形容少男少女之间的那种朦胧感觉，真是再贴切不过了。

郭沫若曾译歌德诗句：哪个少女不怀春，哪个少男不钟情？

的确，年少时代就是"莫名我就喜欢你"的时代。

我上小学时，曾对班里的某个女同学产生过好感。她每个月中有两个星期与我同桌（那时班上每两个星期轮换一次座位）。

我也说不清喜欢她什么，但有她在我身边，我就感到兴奋，感到欢心，感到做什么事情都格外有劲儿。

在每个月与她同桌的那两个星期内，我每天上学都会早来一会儿，课上发言也会踊跃几分，每天都盼着日子慢点儿过去；而在不与她同桌的那两个星期内，我上课懒得回答问题，下课不愿多待在座位上，每天都盼着日子快点儿过去。

我就是在这样的兴奋与期盼中，度过那一个又一个两周。

一次，我在商店里买东西，正在犹豫之际，忽然望见那个女同学也走进了商店。于是，我立刻将钱拍在柜台上，大大方方地将那件东西买了下来。不料，出门时我才发现，那个女孩子竟是另一个人，当时别提多懊恼了！因为那一拍，就拍去了我大半个月的零花钱，为谁来着？

上中学以后，男女同学分开坐。这时，少男少女之间的相互倾慕，只能从彼此目光不经意接触时所表现出的紧张样子里看出来。有时，为了多看一眼"梦中情人"，你会无缘无故地在什么地方等着，而待他（她）真正出现时，你又会用各种漫不经心的眼神去瞥望他（她），把这刹那间的印象和感觉深深地印刻在脑海里，带回去慢慢地品味。

有趣的是，那时候男女同学纵使对某个人朝思暮想，也绝不会在口头上流露半句。顶多是多望他（她）几眼，还生怕被别人看出来取笑。这种彼此眼神上的追求，一直持续到高中毕业。

我也曾喜欢上同院儿里的一个女孩儿，就因为她显得很文静。每每在院子里活动时，我都希望能遇见她，多望她几眼，把她带入梦乡去自由地交谈。多年后，我真的与她交谈了一回，结果问她什么话都是一句简单的答复，说不出任何名堂来。我真后悔当初为她付出了那么多的单相思！

就这样，我曾莫名其妙地对同班或同院儿的某个女孩儿产生过兴趣。见着她们走过，我就会感到心跳加快、头脑发涨，表面上还得装出若无其事的样子。

当然，也有女生对我感兴趣。其中一个执着的女孩儿，一天趁课余之际，递给我一张折得很美的纸条，并嘱我回家后再拆开看。由于我当时是班干部，经常给同学们布置任务写批判稿和决心书之类的，所以起初我并未把它当回事，以为它只是一封简单的决心书。不想回家拆开一看，发现竟是一封很特别的信。它是这么写的：

岳晓东同学：

　　你好！早就想给你写这封信。

　　你是班干部，在很多事情上是我们的榜样，所以我很尊重你。

　　我希望你能多帮助我进步，对我的表现多提意见，我会十分尊重你的意见的。

　　本来想找你谈此事，但一直找不到好机会，你走路总是那么快①，所以就写了这封信给你。希望你不要见怪。

　　谢谢你好好帮助我，我会很尊重你的意见的。希望得到你的回复。

　　最后，想问一问你的英语咋学得那么好，我们女生都挺奇怪的。

　　此致

敬礼！

同学 ×××

---

　　① 想当年，男女同学见面都尽量躲避接触，匆匆而过，免得引起心理紧张。

我反复读着这封特别的信，细细地品味着其中每一句话的含意，脸上觉得阵阵灼热，心里弥漫过一股说不出的美好感觉。

后来，我真的约她到我家来了一次，谈了一些我对她怎样进步的期望。她那次来见我，头自始至终都是半低着，偶尔抬起头来，也是侧视他方。但我注意到她的脸一直是红的，说话时嘴在颤抖，而我的心也一直在怦怦地跳……

我们就单独见了这么一次面。

我在哈佛大学攻读心理学博士时，曾任一门青少年心理学课程的助教。我将这段故事讲给我的美国学生听，他们听得如痴如醉的，末了，全班上下异口同声地叹道，"How romantic（多浪漫呵）！"

的确，以要求帮助进步的方式来传达对异性的爱慕，这对美国的年轻人来讲，是不可思议的。

两情相悦，是人类独有的特权。其情之相悦，越含蓄才越有味，越深刻才越持久。时下的年轻人开放得多，早恋、偷吃禁果的比比皆是。前些日子，有个 15 岁的香港男孩子，因为被自己喜欢的女孩子拒绝就跳楼自杀，结果摔断了两条腿，终身致残。

15 岁的小孩子，就走到了爱的尽头，唉……

爱，还是"在深夜里倾听你的声音"，更有味呵。

## 心理分析——青涩之爱的艺术

男女之间的相互倾慕是生命传承的永恒主题，是文学与艺术的永恒主题。

在青少年时期，这份倾慕又多了几分神秘，几分盲动，几分含蓄，几分可爱。

青少年的这种体验，几乎是每个人成长中的故事，至于一生共倾慕过几个人，则是其故事中的具体情节。

青少年有这种情感体验，是必然的，也是自然的，是不可限制的，也是限制不了的。重要的是，青少年应该以此体验来升华自己的情感，为日后的热恋做好准备。

就心理学而言，倾慕（admiration）与早恋（premature love）有着本质的区别。倾慕一个异性是青少年成长中的必然表现，这既是人性的本能，也是人生的乐趣。而早恋则是将此付诸行动，具体地去追求一个异性目标，领受其中的苦与乐。

但是，"爱"这个字，其实是好辛苦的。

爱，绝不仅是甜蜜与欢乐的同义词，它还有许许多多其他的意思。爱情之美，就在于它好似一层薄薄的面纱，越朦胧就越神秘，越素雅就越动人，而这正是倾慕一个异性所给人的感觉。但是，人们一旦将这层面纱撩开，看清了其背后的一切，可能就感觉不同了。这也多是早恋给人的感觉。

更重要的是，倾慕一个异性可能会升华一个人的情感，而早恋则可能会给人带来很多幻觉。从这层意义上讲，倾慕犹如品茶，可明人眼目，沁人心脾；而早恋却若饮酒，既可令人兴奋，又可眩人心目。

## 成长启示——爱，应该在成熟时节

青少年时期，人人都正当花蕾的季节，有许多人生的乐趣等着他们去追求，去体验，不需要过早地背上爱情的负担。就像前面提到的那个15岁的香港男孩儿，由于早恋而决意去死，结果摔断了两条腿，实在不值。

这，恰恰是早恋幻觉的破灭给某些人带来的危害。

那个香港男孩儿的余生该怎么过？他是不是每天都在想那个曾令他心仪却又拒绝了他的女孩子？他要想她多少天、多少年？他是不是也要来个"天长地久有时尽，此恨绵绵无绝期"[①]？

既然是爱，为什么要这么苦？人们不禁要问。

真的，爱情好似一壶陈酒。年少时期，那壶酒刚酿了不久，还没有酿出什么醇香来。而等步入成年之后，再将它打开慢慢享用，你就会品尝到那浓郁的醇香。

更重要的是，此时之饮酒，你已经清楚多少为宜，不至于一饮即醉，昏沉不醒。

由此，我庆幸在自己成长的年代中，从未将自己对异性的倾慕付诸早恋的行动。但我坚信终有一天，我会去叩开她的心扉的。在这一天到来之前，我会多做些心理准备，不至于一见到她就晕头转向、语无伦次。

爱，应该在成熟时节。


### 相关科学研究 19——阿尼玛与阿尼姆斯

通常说来，男人认为自己是男人，女人认为自己是女人，但心理学的事实表明，每个人在心理上都是雌雄同体的。

瑞士著名心理学家荣格最早观察到人类的这一心理现象。他指出，在

---

① 此句出自唐朝著名诗人白居易（772—846）《长恨歌》一诗。

男人伟岸的身躯里，其实生存着足够阴柔的女性原型意象，荣格把它称为阿尼玛（Anima）；同样，在女人娇柔的灵魂中，也隐藏着属于她们的那个男性原型意象，荣格把它称为阿尼姆斯（Animus）。

当阿尼玛和阿尼姆斯产生积极的投射效果时，它们就会使人显得魅力无穷，让我们心生渴望。如果一个男人把阿尼玛意象投射到一个女人身上，这个女人会对他更具吸引力，让他着迷；如果一个女人把阿尼姆斯意象投射到一个男人身上，这个男人也会对她更具吸引力，让她着迷。换言之，背负着异性意象的人很容易成为爱恋对象，令人对他充满性的幻想和渴望，这就是我们称为坠入爱河的现象。男人或女人在爱慕对方的同时，也会展现自己身上的阿尼玛或阿尼姆斯，让自己在对方面前更有吸引力。

> **岳博士家教百宝箱**

面对青少午的早恋，许多家长都会感到恐惧和无奈，有的家长甚至说："为了防止我的孩子'情感出轨'，从初一开始我就和她爸轮流接送上下学严格控制。可没料到，到了高二，她还是发展了地下情。"对此，我有下列建议。

### 岳博士家教建议 55：引导孩子吸收异性的优点

家长要引导孩子学习异性的优点，无论是男性的勇敢和决断，还是女性的细心和自觉。当一个孩子具备这些特质后，他就会同时具备阿尼玛与阿尼姆斯的特质，会很有吸引力。

### 岳博士家教建议 56：引导孩子识别成熟的爱情

家长要引导孩子识别什么是成熟的爱情，什么是不成熟的爱情，鼓励孩子在爱情中追求共同的梦想，学会在好感中了解异性的需求，在行动中理解爱情的真谛。

### 岳博士家教建议57：引导孩子学会自我完善

家长要引导孩子认识到，爱情不仅是寻找最佳的伴侣，也是做最好的自己。当一个人以自我为中心、目空一切、语言粗鲁、行为鲁莽，他就是再有吸引力，也不会留住人。所以，爱情就是在与异性交往中不断改掉自己的缺点，完善自己的人格，到时候机会自然会出现。

*初恋的感觉自古就有，却永远是新鲜的。*

——海因里希·海涅（德国诗人）

# 谁之过——如何在误解中学会道歉

> 这是我陷入了自我中心泥潭的表现。它使我把本来无所谓的小事看得过于严重，把自己的过错都摊在别人身上，最终做出了不近人情的事情。

生活中经常会有这样的事情，一件事没处理好，当事人不在自己身上找原因，而在他人身上找原因。结果越找越觉得自己没错，越找越觉得他人不对，到头来陷入自我中心的泥潭。我就有过这方面的教训。

上中学的时候，我与一个女生是前后座。我们同住一个院儿里，又上过同一所幼儿园，现在坐得这么近，自然会多说几句话。一次，我因为班里工作与另一位女班干部发生了误会。因为她俩是好友，我就请这位女生去替我解释。后来误会消除了，我自然十分感谢她。

可是，班上某些男生看见我和她时常说话，就开始编造我们的闲话，说我们两人从幼儿园就在一起，现在又坐得这么近，长大后一定要成亲的。一时间，我感到班上所有的同学都在议论我们，只要有人向我们的座位瞥一眼，我就会感觉那一定是在观察我们，看见有人在悄声议论什么，我就会担心会不会与我们有什么关系。

一时间，我感到自己的清白在被玷污，自己的声誉在被毁坏。懊恼之中，我开始疏远那位女同学，把她当作这一切闲话的源头祸首，悔恨自己与她同班。

一次，我们在院儿里相遇，我生硬地告诉她以后不要再理我了，并说我很讨厌她。她听了这一切，气得眼泪都掉了下来，愤愤地说："我今天才知道你是个什么样的人。"说罢掉头就走。我当时心里也很不好受，但我仍坚信，只要她不再与我有任何来往，别人就不会再议论我们了。

但是，同学们还是在议论我们，尽管我们早就不打招呼，形同陌生人了。我不知道该怎么做才能止住他们的闲言碎语。该做的我都做了，我还能做什么呢？我不断地问自己。

直至后来我们升入高中，分属不同的班，才彻底止住了这场闲话。可此时，我心里越来越感觉对不起那位女同学，因为我意识到，在这场闲话中，我们两人都是无辜的受害者。更何况她曾经帮助过我，可我却这样回报她，我真悔恨自己当初的举动，也十分怨恨那些造谣的男同学。

此后，凡有机会遇见她，我总想向她说明这一切，但她总是在回避我。直到有一天，我鼓足了勇气，敲开了她家的门。她见是我站在门口，冷冷地说："你来干什么？不怕人家再传咱俩的闲话啦？"说完就将门关上了。

我在门外逗留良久，写下一张小纸条塞进门缝，上书：

　　×××同学，我今天来找你，是向你认错的，

　　希望你能原谅我的不是。

那以后，她见到我时不再像以前那样冷冰冰的了，但我们彼此心里都

很清楚，过去的事情是不会被忘记的。

现在想来，在当初处理别人给我们造谣这件事情上，我先是怨恨这位女生，认为有了她才给我带来了这些闲言碎语。后来我又怨恨那些造谣的男生，认为是他们的闲言恶语才使我们两人受了委屈。可我没有意识到，这件事情处理不当，如果要怪什么人的话，恐怕还得先怪我自己。因为是我在自己心目中，过分夸大了别人对我们的议论程度，并做出了神经过敏的反应。

其实，开始时，班内只是少部分同学在议论我们，大部分人，特别是女生，都对此事毫无所知。然而，正是我对那个女生突然的态度变化，才引起了班内更多同学的注意。如果我当时坦然处之，是不会有后面的难堪局面的，也不会伤了那位女同学的心。

可惜这一切都是我后来才明白的，已于事无补了。

就心理学而言，这是我陷入了自我中心泥潭的表现。它使我把本来无所谓的小事看得过于严重，把自己的过错都摊在别人身上，最终做出了不近人情的事情。

后来，我一直希望有机会再见到那位女同学，向她说明这一切，毕竟我曾伤了她的心。

也不知道她现在会怎么想。

## 心理分析——夸张的"臆想观众"

青少年的心理发展，在很大程度上是一个逐渐摆脱自我中心思维的过程。在此过程当中，青少年要进一步学会从他人的角度去认识问题、思考问题，并懂得自我批评、自我反省的重要性。

美国心理学家戴维·埃尔金德（David Elkind）指出，青少年时期的一个重要特征是把自己想象为众人的关注中心。也就是说，他们心目中始终有一群被过分夸张了的臆想观众（imaginary audience），认为自己的每个言谈举止都在受到周围人的关注和重视。在这层意义上讲，臆想观众是个人自我中心的一个直接体现。

例如，如果他们哪一天穿了什么漂亮的衣服，或做了什么光彩的事情，他们就希望周围的人都会欣赏他们，赞美他们；而如果他们哪一天脸上撞了一块什么伤痕，或做了什么不体面的事情，他们又担心周围的人都在注意他们，议论他们。青少年就是在这样的期盼与担忧中，慢慢学会客观地看待自己与他人的。

## 成长启示——误人的自我中心

在上述经历中，我就深深地受了一次臆想观众膨胀的教训。本来，同学中议论甚至编造男女生之间的闲话是常有的事情。谁听到这种闲话都会不愉快，但只要被议论的双方对此置之不理，淡然处之，这种闲话早晚会自行消失的。反之，一旦被议论双方竭力辟谣，则势必会给这场议论增添新的内容，将这场谣言带入一个新的高潮。

可惜，我当初并不明白这一切，我只明白人言可畏。

我之所以当时不明白这一切，主要是因为我心目中的臆想观众个个都太精明、太敏锐、太富想象力、太洞察秋毫了。曾有一段时间，我感到好像自己的每个言行都在受人监视，每个动作都在受人非议，我感到活着很辛苦。然而，真正辛苦的不是生活本身，而是我的心。我把事情看得过分严重和倒霉，难怪我会感觉活着很辛苦。

更可悲的是，我一头栽进了扩大了的臆想观众的误区，反而觉得自己还相当敏锐。所以，自我中心可谓人性之大敌，它可使你变得狂妄自大，也可使你变得敏感自卑，这都不是人活着的正确感觉。

实际上，我与那位女生原本相互印象都不错，彼此交往也十分自然。不想一场恶语袭来，害得我们不再往来，反目成怨，想来真是可悲！

自我中心之误人，就在于它常常使人做了蠢事，还不以为意。

说到底，人不怕吃苦，就怕自讨苦吃。

## 相关科学研究 20——自我中心与认知归因

心理学家皮亚杰认为，在心理发展的初期，自我和外部世界还没有明确分化开来。儿童早期对世界的认识完全是以他自己的身体和动作为中心的，是"自我中心主义"的。在这个时期，儿童的自我和外部世界还没有明确分化开来，他们所体验和感知到的印象是浑然一体的，造成被体验和被感知的事物都成为自身的活动，以至于他们把所有被体验和被感知的事物都和自己的身体联系起来，把自己当作宇宙的中心。

因此，这个阶段的儿童只能根据自己的需要和感情去判断和理解周围世界及和他人的关系等，而完全不能注意别人的意图、观点和情感，不能从别人的角度去看问题，也不能从事物自身的规律和特点去认知问题。但随着人的发展，人会更多地从多元角度去审视一个问题，并对事情做出合情合理的归因。当一件事情发生时，既不把原因完全地归于自己，也不会统统归于他人和环境。

岳博士家教百宝箱

作为有社会性的人，我们是在与人相处当中生活并成长的，我们并不否认，人的一生都会有以自我为中心的一面。正因为此，人需要做的就是不断地跳出绝对自我的泥潭，采取他人的观点，理解事情的多元因素。家长和老师要正确地理解人格发展中的这一要义。

## 岳博士家教建议58：引导孩子多元思考问题

孩子在成长中会遇到各种各样的问题。家长要引导孩子多角度看待眼前的问题与困难，使孩子在多元思考中完善个性，学会做出合情合理、切合实际的判断。

## 岳博士家教建议59：引导孩子走出自我中心

家长要帮助孩子在问题解决中学会客观、公正地看待自己和他人，不要把孩子应该直面的问题包揽下来，让孩子错过了磨炼成长的机会。家长越溺爱孩子，孩子在走向社会时心理就越会不平衡。

## 岳博士家教建议60：引导孩子学会有效沟通

家长要帮助孩子学会各种沟通技巧，以有效地化解同学之间的误会、争议等。家长要启发孩子懂得：怎样说比说什么更有助于消除隔膜，重续情谊。

自私和怯懦的人常不快乐，因为他们即使保护了自己的利益和安全，也保护不了自己的品格和自信。

——罗曼·罗兰（法国思想家、文学家）

# 替二虎子写情书——如何在爱情中自我"牺牲"

我疑惑地问他："你让她好好学习，可她要是真的学习好了，还会再来找你吗？"二虎子两眼直直地望着我，缓缓地说："咱做事要对得起良心，你说是吧？"

我小时候有个同学，绰号"二虎子"。他是那种学习成绩不怎么好却很讲义气的孩子。

有一次，我在外面遇了点儿麻烦，眼见就要遭人欺负，恰巧二虎子路过，见我被三四个人围住，情势危急，他就冲了过来。结果人家还没有动手，他倒先动起手来。他的猛劲儿，加上我的配合，把那几个人吓走了。于是，我们便成了莫逆之交。

二虎子学习不上心，虽然我没少帮助他，但他最终还是留了级。上中学之后，他又大病一场，休学养病，以后也再未能复学。二虎子在家闷得无聊，可要他去上学则是件更可怕的事情。偶尔，二虎子也会来找我玩个军棋什么的。

一天，二虎子突然来找我，请我帮他写一封信。

原来，他家附近有个女孩子对他颇有好感。起初，他对此并未在意。一天，他们在街上相遇，那个女孩子红着脸请他到她家去玩，说她的哥哥弟弟都很喜欢他。二虎子开始不明白，傻傻地说他也很喜欢他们兄弟俩。不料那女孩子的脸涨得更红，说了句"你真笨"，就一溜烟儿地跑走了。

二虎子这才想起，自己每次去她家找她兄弟俩玩时，她总是独自待在另一间屋子里，时不时出来问他们要不要水喝，三个男孩子谁都没把这当回事。现在二虎子恍然大悟了，心里顿时涌过一股说不出的激动。

过了两天，二虎子又去她家，恰巧只有她一人在家。二虎子本欲离去，那个女孩子却拦住他说："怕什么，我又吃不了你，在家等一会儿，他们会回来的。"其实，他俩心里都明白，那两兄弟回来得越晚越好。

二虎子就这样尝到了初恋的美好。

二虎子讲述这段故事，我听得如痴如醉，他的脸也放了红光。突然，他收住笑容，一脸严肃地对我说："我今天来找你，是想请你帮我写封信给她。我自己写了好几遍，都写不好，所以想求你帮个忙。"

我迫切想知道二虎子要讲些什么情话，马上铺开纸张，等候他发话。结果他口述的"情书"，没有讲一句情话，令我大失所望。但我还是依照他的原意，并帮他做了书面整理，内容如下：

小娟同学：

你好！那天在你家聊天，我真是高兴啊！虽然我也有一个姐姐，但我与她讲话从来没有这么高兴过，她总是在教训我。你这样看得起我，是我没有想到的。我觉得在这个世界上，除了我妈之外，只有你最理解我了。

但今天给你写信，是想告诉你，虽然我也觉得你挺好的，但我觉得你现在还是应该好好学习才对。我听你讲，你的学习也不太好，我很为你着急。大人们总是讲学习好了，将来就会有好工作的。起初我不信，现在我信了，因为我现在想找点儿事做，人家知道我只是小学毕业，就对我不感兴趣了。

我学习不好，其实心里很后悔。要是我小时候多用点儿功，就不会像今天这个样子了。你不知道我是多么想在学校里与同学们一起玩，在家里整天待着真是没意思透了。所以，希望你不要学我，做一个好学生，学校再差，也比整天待在家里好，真的。

等你学习好了，我就会天天来找你。

二虎子

信写完了，二虎子高兴地说："真好，真好，咱谢谢你了。"说完还给我敬了个礼。

我疑惑地问他："你让她好好学习，可她要是真的学习好了，还会再来找你吗？"二虎子两眼直直地望着我，缓缓地说："咱做事要对得起良心，你说是吧？"

他的话大大感动了我。

于是我对他说："如果她学习上有什么困难，叫她来找我好了。"可是话刚一出口，我就后悔了。这怎么可能呢！二虎子却笑着对我说："你的好意我替她谢了。"

这件事使我对二虎子又多了一层了解。在他无所谓的样子后面，竟藏有深深的自卑；而在这自卑之后，又藏有一份深深的无私与真诚。特别是信中最后一句话的真实意思是：你什么时候学习不好，我什么时候就不来找你。对于一位初恋的人来讲，写这句话需要何等的勇气！

二虎子的初恋结局如何，我不得而知。但我替他写的这封"情书"，也是我人生中的第一封"情书"。其"情书"从头至尾没有讲一句情话，却包含了人世间最深厚的情义。

二虎子早年失学，内心深感自卑。但这份自卑升华了他性格中自尊与无私的一面。多少年来，二虎子一直是我的一面镜子，每每想起他，我就会问自己是不是也像他那样坦诚地做人。

二虎子啊，二虎子。


## 心理分析——爱是情感的升华

爱情之美好，在于它不仅会给人带来欢乐，也可以升华人的情感。

爱，应使人得到什么，付出什么？这是一个思考不尽的问题。千百年来，有多少诗词、戏剧、小说、散文等在探讨这一问题，令人看得眼花缭乱、目不暇接。可人们尚嫌不足，还在不断地创造出新的作品，以期再次打动人们那已经被震动过无数回的心。在很大程度上，这也是因为爱在不断地升华，而升华也在不断地丰富爱的内涵。

心理学家也试图对爱情说出个所以然，以前曾有人试图证明爱情是人类最复杂、最强烈的情绪体验，近来又有人提出爱情与人大脑的某个神经区域有关。这些理论虽然各有各的道理，却基本上是各唱其词，莫衷一是，因为爱情的体验是无法用纯理性的眼光来加以认识的。

爱，可谓一幅山中的风景，步移景迁，变幻无穷。

## 成长启示——纯粹的爱是心灵不竭的动力

在上述经历中，二虎子虽然休学在家，闲得无聊，却不愿看见另一个女孩子变得与他一样蹉跎岁月，荒废学业。这悠悠岁月中的一段小曲令我终生难忘，因为二虎子为了使那个女孩子有一个更好的前程而不惜放弃对她的情感。这实际上是爱对二虎子情感世界的升华。

世人常言，人之交往贵以诚相待。什么是以诚相待？这就是以诚相待。人为了去尊敬一个人、信任一个人、爱护一个人、帮助一个人而不惜牺牲个人的利益。

这个"诚"字，其实也是升华对人之友谊的挑战。

自从替二虎子写了那封"情书"后，我一直不明白，二虎子为什么不亲口向那个女孩子讲明他的心思，而要这般郑重其事地写封信给她呢？多年后，我终于悟出了其中的道理，也许二虎子是想让她不断从那封信中获取学习的动力吧。这是二虎子的自我牺牲对那个女孩子提出的升华要求。

写到这里，我想起二虎子当初笑着对我说"咱做事要对得起良心"时，内心一定十分凄苦和不情愿，可我当时并没有完全感受到这一点。

二虎子能做得出，我又能做多少？这是那次替他写"情书"给我留下的思考。这个思考，也一直在升华着我的情感世界。

爱，就是应该使人不断地挑战自我、升华自我。

## 相关科学研究 21——爱情三角形

爱情，真可谓人类最美好的情感，也是每个人一生最大的追求。美国著名心理学家罗伯特·斯滕伯格（Robert Sternberg）的爱情三角理论（triangular theory of love）认为，爱情包括三个基本要素：激情（passion）、亲密（intimacy）、承诺（commitment），它们相辅相成，互为补充。具体地说，激情指恋人之间的相互吸引、钦慕、爱恋、朝思暮想等感受，亲密指恋人之间的相互关心、支持、呵护、照顾、无条件付出的愿望，承诺指恋人之间的相互诚守诺言、不逢场作戏的决心。一段真心投入的爱情，这三者缺一不可。

在此基础上，斯滕伯格又将爱情划分为 7 种类型，其中完美的爱情是激情、亲密、承诺三要素的完美结合。斯滕伯格的爱情三角理论说明，爱情是由多种因素结合的，它们之间需要有一种平衡美。而这种平衡美，也正如歌曲《糊涂的爱》中所描述的那样，是"忘不掉的一幕一幕，意念中的热热乎乎"。斯滕伯格的爱情三角理论还说明，爱情是需要两个相恋之人真心投入、努力经营的，那样才能达到爱情的完美境界。

---

岳博士家教百宝箱

爱不是任何人都能达到的境界，爱是一种艺术，对于爱，埃里克·弗罗姆（Erich Fromm）强调爱人之前要先能爱己，并认为"真爱是无条件地付出，给人自由，而非束缚"。所以，家长要注意以下事项。

### 岳博士家教建议 61：引导孩子正确理解爱情

家长要引导孩子懂得真爱需要有关系中的献身感及行动中的责任感，理想的爱情需要有勇气、真诚、包容、自我牺牲。

### 岳博士家教建议 62：引导孩子正确面对情感

家长对待孩子的恋情问题，切忌态度粗鲁、方法简单。家长应该保护好孩子纯真美好的"恋"情，循循善诱，倾听理解。鼓励孩子将美好的情感化为积极上进的动力。

**岳博士家教建议 63：引导孩子正确面对失恋**

家长对待孩子的失恋体验，要给以积极有效的理解和引导。家长要使孩子懂得，失恋不失志，情散心不乱，这既是情感挫折对人性的考验，也是个人成长的契机。

真正的爱是在放弃了个人的幸福之后才产生的。

——列夫·托尔斯泰（俄国作家）

# 无言的结局——如何在朦胧中理解爱情

*最后一天上课,我鼓足勇气对她讲,希望上中学后还能与她同班。她脸上掠过一阵绯红,望着我不好意思地笑了笑,什么都没说。*

上小学的时候,我与一个女生同桌。她面目清秀,学习出色,很博我的好感。但我们开始的交往不过是借个橡皮、交换个作业本。后来,我发现我的课桌经常被擦得干干净净的,心里一直疑惑是哪一位同学在学雷锋,做了好事不留名。

终于有一天,我发现原来是她在用手帕擦自己的桌面时,也顺便将我的桌面擦了一把。她擦我桌面的动作非常之快,好像是在做什么错事似的。

那天放学的时候,我忽然对她说:"谢谢你每天帮我擦桌子。"她听了之后,脸上立刻泛起了一片红晕,连声否认说:"没有啊!"于是我将早上看见的一幕讲了出来,不料她竟生气地走了,此后再也不帮我擦桌子了。我很后悔那天贸然向她讲明了真情,这下子可没人替我"服务"了。

一天，我走进教室，看见她的桌面干净明亮，而我的桌面布满尘土，就故意用袖子把自己的桌面胡乱擦了一阵，然后用那沾满灰尘的袖子也将她的桌面抹了一把。不想她竟捂着嘴笑了起来，而且笑得那样甜。这下子轮到我脸上感到发烧了，于是我不好意思地撕下一张作业纸，将她的桌面重擦了一遍。

这时，她用手轻轻地拦住我，从兜里掏出一块手帕来，用她那纤细的手，轻巧地将我们两人的桌面又擦了一遍。她擦完桌子，我们相视一笑，谁也没再说什么。

于是，又有人每天替我擦桌子了，我心里又美滋滋的了。

可惜好景不长，没多久我又得罪了她。原因是她父亲由于个子小，被选去扮演《沙家浜》①一剧中的刁小三（一个兵痞）。因为以前开家长会时，我见过她父亲，所以当学校组织我们学生去看演出时，我一眼就认出了他。第二天一见到她，我就高声说："我不光要抢东西，还要抢人哪！（刁小三的一句台词）"

她听了之后，一脸不高兴地说："我爸爸是参加革命演出的。"我却抢白说："那他为什么不去演郭建光（戏中的正面人物）？"她气得说不出话来，不再理我，过了一会儿眼泪也顺着脸颊流了下来。

我知道自己言重了，连连赔不是，但她还是接连好几天都不理我。直到有一天，她因故上课来迟，而课前老师交代了一些重要事情，我连忙将此告诉她，才使她转变了对我的态度。

后来，我们都要升中学了。最后一天上课，我鼓足勇气对她讲，希

---

① 《沙家浜》，是八个样板戏之一，讲的是江南某地的一个抗日斗争的故事。

望上中学后还能与她同班。她脸上掠过一阵绯红，望着我不好意思地笑了笑，什么都没说。

当时，我很后悔自己讲了多余的话。到后来，我们终究也未能同班。但每每在校园里遇见她，我总会感到心跳加速，头脑发涨，虽然我们彼此都不打招呼。

一天，我去找一个朋友，不料在门廊里遇见了她。我望着她，又喜又羞，结结巴巴地说："原、原来，你、你就住在这里啊？"

"是啊，"她大大方方地回答说，"要不要到我家去坐一坐？"

我抑制住内心的狂喜，随她来到家中，像一尊石雕似的呆坐在椅子上。她给我端来一杯茶水，望着我那一脸窘相，笑吟吟地问道："你是不是还用袖子擦桌子？"

她这一问，顿时化解了当时的尴尬气氛，我们开始自如地说笑起来。那一天，我们两人都讲了许多埋藏多年的心里话，我心中涌过一阵阵前所未有的美好感觉，真想把那一刻化作永恒。

不久，她的家人回来了，邀我留下来一同吃饭。但我还是告辞了，因为我看不出她也有想留我的意思。

临出门时，我礼貌而又用意深长地邀请她有空也到我家中一坐。像往常一样，她只是轻轻一笑，又是什么都没说。但这一次，我不再后悔自己讲了多余的话。

后来有一天，她真的敲开了我家的门，我简直不敢相信自己的眼睛！我手忙脚乱地请她坐下，给她倒水泡茶，不料她来竟是向我辞行的，因为她要随父母去往外地。我听了之后心乱如麻，我们还有许多话没来得及讲啊！

此时，她拿出一本很精致的日记本<sup>①</sup>送给我，并祝我今后学习进步，之后便起身告辞。临分手时，她满脸含羞地对我说："我知道你喜欢我，其实我也挺喜欢你的，希望我们今后还会再见面。"说完，她就伸出手向我道别。

我握着她那光滑纤细的手，感觉是那样温柔，嘴里喃喃地说："真不知什么时候才能再见到你。"

我随她出了门，目送她消失在远方。我久久地呆站在那里，一动不动。我说不出是喜还是忧，我感到自己在同时体验着好似山峰与山谷的感觉。

那一年，我们都是 17 岁，此后也未能再见面。

我也曾将这段经历讲给我的美国学生听。他们纷纷好奇地问我们有无亲吻、拥抱过，有无做过什么其他的事情。我说除了那次握手之外，什么都没做。他们一脸困惑地望着我，不明白我什么都没做，怎么可以这样激动。

我告诉他们，这就是我们东方人的神韵，两人相恋却深深地埋藏在心底，等待适当时机的到来，尽管它最终可能会成为无言的结局。

"Wow，"一个美国学生突然大声叹道，"Just a handshake would excite you so much，is this what you mean by Oriental romance？（只是握了握手就使你如此激动，难道你所说的东方人的神韵就是这样的浪漫吗？）"另一个美国学生也摇着头说："It is so incredibly subtle and delicate！（这可真是太含蓄、太细腻了！）"

---

① 在我成长的年代里，日记本是很常用的送别礼物，也有寄托情思的意思。

"At least it is true to my generation.（至少我们那一代人是这样。）"我回答他们。

的确，初恋的美好，就在于它是那样纯洁，那样朦胧，那样令人回味无穷。初恋，并不一定要等于爱情，也不一定要终成眷属。但初恋应使人更加珍惜友情，更加相信自己。

初恋，多是无言的结局。

## 心理分析——爱在朦胧中

爱在朦胧中，恐怕是每个少男少女的共同体验。

在我成长的那个年代，这种朦胧感觉更加强烈，更加神秘，因为在当年，男女同学之间都不相互说话。

在与上述那位女同学的交往当中，我隐隐地感觉到她对我有相当的好感，这使我对她也产生了一种莫名的兴奋感。至少她主动为我擦了桌子，不喜欢我，她是绝对做不出此事的。想当年，小孩子之间的好感就是这般传达的。

于是，她的形象便成为我上课积极表现的动力。

她的笑对我很重要，因为那是我自信心的一个重要指标；她与我分班令我伤心，因为我再也得不到那份会心的笑了；她让我去她家令我激动，因为这表明她仍喜欢我；她的消失令我惆怅，因为我不知要等到哪一天，才可与她相恋。

这，便是我那份朦胧感觉的历程。

分别之际，她终于亲口告诉我她"挺喜欢"我的，这是我早就想听到的一句话，它证明了她对我存有的朦胧好感。只可惜，那句盼望已久的话，竟是我们之间这种朦胧感觉的绝唱。

我傻傻地站在那里，手里拿着她送给我的日记本，心想不知什么时候还能再见到她……这幕情景，曾在我脑海中浮现过无数回，后来它还是慢慢地淡去了，因为终于有一天我开始明白，那段情感的体验不过是促使我更好地相信自我、完善自我。

就心理学而言，这份朦胧感觉对我形成了一种强烈的情感暗示[①]（affective auto-suggestion），它使我感到了自身的价值，也使我首次感受到了爱的美好。所以，我要更好地塑造自我，使朦胧中的"她"更加喜欢我，把那个"挺"字换成"很"字。这便是那段朦胧感觉给我留下的启示。

我对自己更加有信心了。

## 成长启示——无言的美好

也许有人会问，你们既然彼此相慕，为什么不大胆去追求爱情呢？这一不可能，二无必要。因为在我成长的年代里，中学生之间是绝对不会谈恋爱的。"大家都还小，涉世未深，阅人不足，能懂得什么叫爱？"这是我们那一代的中学生共同恪守的信念。

所以，我的朦胧感觉注定是一场无言的结局，终将会"随着那岁月淡淡而去"。但这份朦胧感觉曾增强了我的自信心，也留下了一段美好的回

---

[①] 情感暗示，这是心理暗示的一种，它可以对一个人的情绪和精神状态起积极或消极的影响。如戏迷、球迷的喝彩可使他们喜欢之人感到莫大的激励；而戏迷、球迷喝的倒彩，也可使他们不喜欢之人感到极大的压力。

忆，这就够了。

我还想求什么呢？

真的，爱在朦胧中，是我们那个年代大多数中学生的共同体验。不错，"大家都还小，涉世未深，阅人不足，能懂得什么叫爱？"这确是一句老生常谈。然而，英国前首相撒切尔夫人说得好："Of course，it's the same old story. But there is usually a lot of truth in the same old story.（老生常谈中往往蕴藏着深刻的哲理。）"

请记住这句名言吧！

## 相关科学研究 22——恋爱成长四阶段

与亲密性以及更为深刻的社会认知能力的发展同步进行的，是青少年对恋爱关系中行为方式的转变。在青少年的生活中，恋情的发展要依次经历四个阶段。

在"头脑发昏"阶段，青少年第一次出现了同可能的恋爱或者性关系对象打交道的兴趣。在此阶段，青少年将他们的自我概念拓展到了把自己视作另一个人可能的恋人，而他们此阶段的主要任务就是围绕着认识自身而展开的。在此阶段中真正的恋爱关系往往时间不长，而且常常是由肤浅的一时冲动引发的。

在"地位"阶段，恋爱活动的主要目的，包括"确立、维持或者提升"。

在"亲密"阶段，青少年开始建立起同恋人真正且有意义的依恋关系。他们在恋爱关系中的情感投入，已经足以盖过由于对自身和地位的关注而造成的影响，而这些关注点在此前的恋爱阶段中是占据主导地位的。

最后，在"契合"阶段，青少年开始思考如何去长期维持和培育他们之间这份浪漫的依恋关系，对于承诺和责任的关注就走向了前台。

但是随着对恋情认识的逐渐深入，青少年开始将责任和关怀看作在这一关系中与激情和愉悦同等重要的特征，甚至是更为重要的特征。对于大多数青少年来说，"头脑发昏""地位""亲密"和"契合"这四个相继的阶段可以用来描述他们的成长过程。

岳博士家教百宝箱

爱情带给每个人的感受，既有幸福、甜蜜、忘我，也会有恐惧、痛苦、悲伤，它是人类一种最高级的情感，在情感的发展过程中，人性的方方面面会自然地呈现出来，逐渐推动人走向成熟。

青春期的爱恋朦胧新奇，忘我且脆弱，而恋情失去那一刻的打击往往非常剧烈而不堪承受，孩子如何面对这样的情感波澜？在此，我有以下建议。

### 岳博士家教建议 64 ：引导孩子学会赏识他人

家长要鼓励孩子学会赏识他人，学会发现他人的优点和美好并加以有效表达。再没有什么比好感更能激励一个人去发现他人的优点。家长帮助孩子意识到这一点，也是在提高孩子的情商。

### 岳博士家教建议 65 ：引导孩子学会赞美他人

家长要鼓励孩子学会赞美他人。赞美是一门艺术。家长要帮助孩子提高自己表达赞美的艺术，这也是在提高孩子的情商。

**岳博士家教建议 66：引导孩子理性思考情感得失**

早恋往往是由激情引发，缺乏理性导致。当情感离去时，孩子会感到深受伤害，甚至深陷其中无力自拔。所以，家长要引导孩子学会理性思考，不要图一时兴奋而陷于长久的烦恼。

学会爱人，学会懂得爱情，学会做一个幸福的人——这就是学会尊重自己。

——安东·谢苗诺维奇·马卡连柯（苏联教育家）

自我困惑篇

# 那把无辜的二胡——如何理解自己的心血来潮

> 我不再梦想成为阿炳[①]第二了，也不再感到二胡的琴声是那样悠扬动听，至少我拉二胡的琴声是很刺耳的。我更后悔当初不该在父母面前夸下海口，誓做阿炳第二。现在想来，那真是一个遥不可及的梦啊！

年少时，有一段时间我忽然迷上了二胡，认为拉二胡的样子很潇洒，其琴声也很悠扬。

于是，我嚷嚷着让父母给我买一把二胡来，我要天天拉，将来成为瞎子阿炳那样的二胡高手。由于家中并不富裕，加上我的学习与课外活动时间已很紧张了，父母起初坚决反对为我买二胡。后来他们经不住我天天央求，就给我买了一把二胡和一本二胡练习谱回来，要求我每天好好练习，不要三分钟热情即逝，我当然是满口答应了。

第一天拉二胡，我感到兴奋无比。那动作一摆，我就已经十分满足了。我一手握着二胡，一手持着琴弓，按照琴谱练起来。那本琴谱厚厚

---

① 阿炳，二胡名曲《二泉映月》的创作者。

的，足有百十来首曲子，最后一首才是《二泉映月》，因为它最难拉。我从第一首《东方红》开始拉，算计着平均两天练好一首，半年多就可以拿下《二泉映月》了。

可是练到第三天，我还是没能拿下《东方红》，心里不免着急起来。照这个速度练下去，我何时才能赴"二泉"赏月呢？于是，我跳过《东方红》，开始练习第二首曲子《打靶歌》。可是这首曲子拉起来，上下幅度很大，难入道不算，还把我的左手指磨得红红的。

这样，我又开始练第三首曲子（名字已忘记），结果更是不得要领。虽然按原来计划的进度来讲，第六天我是练到了第三首，可哪一首都没熟练掌握。

我开始讨厌这把二胡了。

此时，我不再梦想成为阿炳第二了，也不再感到二胡的琴声是那样悠扬动听，至少我拉二胡的琴声是很刺耳的。我更后悔当初不该在父母面前夸下海口，誓做阿炳第二。现在想来，那真是一个遥不可及的梦啊！

由此，我开始对二胡心灰意懒起来，以抓紧时间学习功课来弥补自己的过错，向父母暗示自己太忙，无暇顾及这个小玩意儿了，但这怎么能蒙过他们的眼睛。在很长时间内，他们认为我是发了一场神经，也不能原谅我这样说话出尔反尔，虎头蛇尾地做一件事情……

我只有乖乖地听着他们的数落。我还能说什么呢？

回首这段往事，我感到自己当初与父母闹着要学拉二胡，表面是要想成为阿炳第二，拉一手动听的二胡，实际上也是在挑战父母的权威，表露自己的逆反心理。因为在此之前，我向来都是父母说什么，自己就听什么的，纵使有时心里会老大不愿意，也都顺从了。但随着年龄的增长，我的逆反心态也日益膨胀起来，总想着与父母争个高低，让他们知道，我不能再像以前那样凡事都听从他们了。

所以，那次与父母相争我态度异常坚决，终于成功挑战了他们的权威。可惜我虽成功地使父母顺从了我的意愿，却未能成功地控制我自己，使我在他们面前许下的诺言很快就变成了谎言。

多年后，在一次清理杂物时，我手抚着那把沾满灰尘的二胡，感慨万千。我在叹息这把二胡的无辜，它成了我向父母发泄逆反心理的牺牲品。如果这把二胡被卖到其他人手中，兴许已使那人成了二胡高手，那样，他就会十分珍惜它、爱护它，把它当作传家宝珍藏起来。而在我手中，这把二胡没几天就成为一件废品，终将被处理掉。

那凝聚在琴弦上的丝丝尘埃，就好像是它无声哭泣的泪痕。

在学二胡这件事情上，我是勇于许诺，疏于守诺。

青少年时常就是这个样子的，你有什么办法呢？

## 心理分析——"逆反"是发展的心理需求

青少年时期的一个鲜明特点是情绪不稳定，思考问题好走极端，做事也好冲动。

青少年可能会为一点儿小事与父母大吵一场，不达目的誓不罢休，令父母感到莫名其妙；青少年也可能会为生活中的一件琐事感伤半天，可是经父母三言两语的劝说，即刻化解了忧愁，又活蹦乱跳起来；青少年还可能因为爱上了某个偶像而张贴他的画像，去没日没夜地听他的歌曲，并随着他们的沉浮起落而情绪波动。

青少年就是在这样的情绪动荡中，由幼稚走向成熟，从小孩子变成大人的。难怪青少年心理学之父，美国心理学家斯坦利·霍尔（S. Hall）称青少年时期是一段充满风暴和压抑（storm and stress）的时期。

对此，人们常用逆反心理①（psychological inversion）来加以描述。虽然逆反作为一种心理学现象，是 20 世纪五六十年代才被确定的，但作为青少年成长道路中的一个阶段性表现，它历来就有。

例如，在《红楼梦》第三十三回②里就有一段精彩的描述。那次宝玉挨打，明是为了宝玉在外面"流荡优伶，表赠私物"，实是因为宝玉平日不求上进，荒疏学业。其实，以宝玉之聪明伶俐，得意于仕途经济可谓易如反掌。然而宝玉偏偏讨厌读书做官，凡有人来劝他，都不会给好脸色看的（宝钗、湘云试过，被视为俗人，黛玉从不言此，被视为知己）。

但是，以封建社会之父严母慈，宝玉不会不明白这样做的后果，但他仍我行我素，那次惨遭痛打更坚定了他的信念。宝玉胆敢冒犯父威，偏偏不去做老爹想让他做的事情，为的是什么？兴许正是为了要与老子斗一回，出一口逆反的闷气。

由此，青少年有时候做事情与父母意见相左，明是为了争得父母的让步，暗中也可能是在发泄自己的某种逆反情绪。他们时而表现得像个大人，时而表现得像个孩子，时而口出豪言壮语，时而做事虎头蛇尾。他们在成人与孩子之间徘徊，哪边感觉好就向哪边靠拢。他们肯定比小孩子想得多，但也绝没有大人批评的那般狡猾。随着年龄的增长，他们想获得更

---

① 逆反心理（或称反叛心理），在这里指凡事偏与权威人物（通常是父母、师长等）的意见作对的心理。因为青少年正处于一个认知与情绪发展的成长期，开始对周围的人与事物有自己的主见，他们渴望得到权威人物的尊重和理解，却不能得到充分的满足，所以产生了强烈的抵触情绪。

② 本回主要描述了贾宝玉因与忠顺王府伶人琪官交好，后琪官私逃府外，被王府人追到荣国府讨人而惹得贾政大怒，痛杖宝玉的事件。

多的独立和自主，得到的却是越来越多的指责和限制。

青少年有时候想做什么事情受到父母的阻止，会变得不通情理，不达目的誓不罢休。而一旦达到目的，他们又可能会变得无所谓，其本质上就是因为他们要向父母讨得对自己意愿的尊重，而非真的要与父母作对。

## 成长启示——寻求独立是青少年成长的一个标志

在上述经历中，我是十足地耍了一回青少年的逆反威风。可惜我自己不争气，刚许下诺言就食言，整天想的都是拉二胡怎么好，从未想过拉二胡怎么苦，结果很快就后悔自己说过的话，害得那把可怜的二胡，买来没多久，就被塞到床底下去了。

我不能说父母给我买二胡就是对或是不对，我也很惭愧自己会那么快就食言。我不明白自己为什么执意要去买那把二胡，我也不是不想信守诺言。我真的不知道自己是中了什么邪，我只是希望父母能够理解一下我这个可怜的青少年的心。

美国著名小说家马克·吐温（Mark Twain）曾言：当我 7 岁时，我感到我父亲是天底下最聪明的人；当我 14 岁时，我感到我父亲是天底下最不通情理的人；而当我 21 岁时，我忽然发现我父亲其实还是很聪明的。说真的，在这 21 年当中，马克·吐温的父亲并没有怎么变，变的是马克·吐温自己。

而这，也正是一个青少年的成长历程。

青少年毕竟还是孩子，在他们的可气当中，还是包含了许多可爱的成分，你说是不是？

## 相关科学研究23——青春期是孩子经历心脑统整的关键期

心理学研究认为，青春期的孩子由于大脑和身体的快速发育，使得这一阶段的孩子认知思维、情绪情感、动机行为都带上了显著的青春期特征。例如，自我意识的增长、需求自主独立、质疑权威、敢于冒险、多角度思考、情感丰富、情绪多变、心血来潮等。

相对于儿童与成人，青少年时期的情绪和行为往往难以简单地预测、难以捉摸。我们通常认为，这种状态完全由于其体内的荷尔蒙激素所致。

其实，美国精神健康研究所的研究人员已经通过磁共振的脑扫描证实：从儿童时期的脑到成人时期的脑，不是一朝一夕形成的，必须经过在青少年时期不断修剪旧的神经联结，同时形成新的神经联结这个过程。其实脑内这一神经发育过程，在生命最初已经开始，然而到青春期，这些神经系统的活动变得更为快速剧烈。

青少年时期所迎接的不只是荷尔蒙风暴，还有脑发育所带来的更为深刻、更为广泛的身心统整关键期。

我们更愿意把青春期的青少年，看作细腻而敏感又具有高度自适应能力的生灵。这一时期其脑的各部分都在进行着忙碌的工作，完美地结合起来，为走出安全舒适的家园、走向丰富复杂的现实社会做好准备。

这一研究发现意义深远。它可以引导我们更全面清晰地解读青春期个体身心、心智各个方面的重大变化，包括性的发育、两性情感的发展、感知觉与思维力的显著提升、自我统一性与价值观的形成和确立等。

> 岳博士家教百宝箱

孩子小的时候，都把父母之言奉若神明。渐渐长大后，他们开始有了自己的主见，却仍然要凡事听从父母，自然会心有不快了。如此天长日久，孩子心里会憋着一肚子气，要么以消极怠工来"抗旨"，要么以正面顶撞来泄怒。为此，我有以下建议。

### 岳博士家教建议 67：引导孩子学会平等对话

随着孩子的不断长大，父母要学会放权，鼓励孩子与父母平等对话。特别是面对孩子提出的过分要求，父母不可简单地加以限制了事，而是需要耐心解释，以求充分地相互理解和谅解。在这当中，父母越是允许孩子说实话、说真话，亲子关系才越能得到和缓与重建。

### 岳博士家教建议 68：引导孩子学会换位思维

随着孩子的不断长大，家长也要学会与孩子心平气和地交流思想，鼓励孩子多站在父母的角度思考问题。说到底，管制只能治标，沟通才可治本。所谓沟通，就是让人想得通，想得通才会心理平衡。而所谓换位思维，就是让孩子与父母情感对焦，思维并轨，这样才能使孩子更好地理解父母的良苦用心。

### 岳博士家教建议 69：引导孩子学会自我反省

面对孩子的逆反行为，家长要启发孩子学会自我反省，不要喋喋不休地说教，而要引导孩子自我反省、自我批评，最后达到自我成长、自我完善。

我们不认为青少年时期只是向成人的简单过渡……青少年有特定的性情与行为方式，他们需要在人生这一特殊的阶段内扮演特别的角色，完成特别的任务，发展特别的技能。

——爱利克·埃里克森

# 老爷庙<sup>①</sup>迷路——如何理解青春期的反叛心理

> 就这样，我那次冲动没有当成英雄，反而成了狗熊，给同学的分手惜别留下了永久的笑料。

我高中毕业时，全班同学决定搞一次郊游。大家一致决议去呼和浩特市北郊大青山的老爷庙游玩，并委派我和另外一位同学去购头聚餐用的食品。这是全班毕业前举行的最后一次集体活动，大家都很看重这次惜别活动。

那天清晨，我们很早就在校门口集合，乘车前往大青山脚下。我那天的背包尤其重，其中不仅有我的干粮，还包括全班同学聚餐用的午餐肉罐头。一路上，有的同学提出要替我分担一些重量，我谢绝了他们的好意，坚持自己背。

从大青山山脚到老爷庙，有两条路。一条是平路，它在山间蜿蜒而行，走这条路，约用两个小时可达老爷庙。另一条路是山路，它攀缘在山岩峭壁之上，走这条路，用一个多小时可达老爷庙。老师要求大家一致行

_____

① 老爷庙，位于呼和浩特市东北面的大青山里，原来为关帝庙。

动，不要分散。

但不知怎的，我那天尤有一股冲动，想攀山而行，先众人抵达目的地，好让他们称赞我的英雄本色。行前，我曾试图拉上几个同学与我同行，结果一个都没拉成。最后，我只好一个人上了路，这更增加了我的悲壮感。

攀了不久的山路，我来到一处峭壁，脚底一滑，差点儿滚下山去，吓得我出了一身冷汗，也吓醒了我的英雄梦。我决计不再攀山，还是顺平路而行，赶上大伙。但我又不甘心绕原道折回，在众目睽睽之下，最后一个人抵达老爷庙，接受大家的嘲笑。

我按照大致的方位翻山越岭寻找那条通向老爷庙的平路，最终找到了那条平路，可惜是在一个三岔路口。我犹豫了片刻，踏上了一条自认为正确的路线，疾步前行。

可惜我选择了一条错路，因为它越走越窄。我决计爬上一座最高的山峰，期望在那里能够望见老爷庙。但当我气喘吁吁、颤颤巍巍地爬上那座山峰时，眼前出现的却是一片山。我登时瘫坐在一块岩石上，半天没有能爬起来。至此，我已是筋疲力尽，心里感到阵阵发凉。

我仰望天空，望见那蓝蓝的天空白云飘，可那白云下的我在哪儿呢？我问苍天。

在接着翻越了几座山头后，我终于确信自己迷路了。我开始埋怨自己这么糊涂，丢人现眼。在此之前，我还从未做过一件违反班级纪律的事情，今天做了这么一回，就捅了个大娄子。更糟的是，我还带着全班同学中午食用的午餐肉，他们吃不上肉，该怎么怪我啊！

我不敢想象这一切的后果。

我来到一条小溪旁坐下，把手插进水流，感到丝丝凉意。我打量了下自己，鞋上沾满了泥土，右腿裤脚划破了一个大口子，小腿上布满了血印，上衣磨掉了两个扣子，左袖口也开了个口子。我开始担心，这深山老林中会不会出没什么虎狼熊豹的，万一找不到众人，今晚，我岂不要与它们相伴到天明？

我简直不敢再想下去了。

正在这时，我遥见远方有一群山羊在移动，我想那附近一定会有人的，于是使尽最后的力气冲向那群羊，生怕它们会消失。

没多久，我见到了羊倌儿，上气不接下气地问他："请问这里离老爷庙有多远？"

"两个来小时的路程吧。"那羊倌儿答道。

我听后大失所望，怔怔地望着他，接着又问："那么这里出山要用多久？"

"也要两个来小时吧。"那羊倌儿面无表情地说。

我彻底泄气了，心想现在再去老爷庙已经没有意义了，不如出山算了。于是，我请羊倌儿给我指明了道路，千谢万谢地踏上了归途。我这次的选择是正确的，因为待我快出山时，太阳已经挂在西山头了。

没多久，我就听见有人在大声喊我的名字。循声望去，我看到山顶上有两三个男生正在向我招手，我大声地回应他们，庆幸自己总算归了队。走近了，发现他们是王永祥、耿直、群英三位同学。他们见到我时，生气地告诉我说，全班同学自中午以后都在分头找我，不光男生在找我，女生也在三五成群地找……

听到这里，我心中很是难受。我感到真是有愧于同学们，特别是那些女生，我与她们同窗两年，平时绝少说话，此时却要她们四处大声喊叫着我的名字，这是何等"残酷""难堪"的事情，她们怎么喊得出口！

我感到大脑一片空白。

不久，班主任老师也出现了，我以为他一定会向我大发雷霆的。不想他望着我这副狼狈的样子，只是深深地叹了一口气说："唉，总算找到你了，没出什么事就好，咱们赶紧回去吧。"

我连忙将午餐肉罐头拿出来交给老师，他接过来掂了掂又还给我，苦笑着说："还是拿回去补一补你的腿伤吧。"

就这样，我那次冲动没有当成英雄，反而成了狗熊，给同学的分手惜别留下了永久的笑料。

## 心理分析——逆反是心理转型的标志

青少年时常想潇洒"傻"一回。

青少年的这种逆反表现是成长中的冲动，可惜这种冲动常常是徒劳无益的，事与愿违的。

青少年时常爱想入非非，不想清楚就贸然做一件事，结果做到一半才发现有许多事情没有考虑好；青少年时常为了表现自己，会义无反顾地做出一些稀奇古怪的事情，而在别人皱着眉头的扫视中，他们居然还自我感觉良好。

青少年为什么要这么做？有时候，他们自己也说不清，只是觉得那样做会很有派头、很酷（cool）、很有型。

在哈佛大学旁的哈佛广场上，总有一群"鸡冠帮[①]"在那里游荡。有一天，我问其中一个人为什么爱这般打扮，他翻来覆去只说了一句话："I just like it.（我就喜欢这个样子。）"当然，像"鸡冠帮"那样的闲散青

---

[①] 鸡冠帮，英语叫 punk，这些人的头发往往剃得像公鸡冠似的高高竖起，还常常染上不同的颜色。

年毕竟是少数，但青少年大多想在这段时间内做出些什么标新立异的事情来，过把"逆反瘾"。

所以，无论是追求某种流行的发型，还是穿着某种奇异的服装，或是穿戴某种特殊的名牌，青少年好像生怕误了这人生中的"放纵"季节，总得做点儿什么，才会心甘情愿地向旧日告别，与往事干杯。

青少年想潇洒"傻"一回，是因为他们以前从来没有机会去表现自我。10多年来，一直是父母或老师在指教着他们，现在他们要从父母及师长的影子里走出来，成为独立自主的人，首先要做的，就是亲自验证一下自己的想法是否属实，尽管这种验证可能是徒劳无益的，但他们还是想去试一试。

## 成长启示——大胆尝试是青春的特征

回想我那天去老爷庙，清早出门前，父母曾再三叮咛我要随大队人马行走，不可单独行动。但他们的话在我听来就像耳旁风一般，一吹就过去了。而后来，待我一个人独坐在山顶上，呆望着那蓝蓝的天空白云飘时，我首先想到的就是早上父母说过的话。这下子，我可明白了什么叫"不听老人言，吃亏在眼前"了。

长时间内，我一直不明白自己为什么会做出这样一件违反常性的事情。学了心理学后，我才明白那是因为在我内心深处一直有一股想大胆尝试的冲动。这是青少年时期的一个基本心理特征。我虽然在学校和家里一直扮演"乖孩子"的角色，但在潜意识①（sub-consciousness）当中，我一

---

① 潜意识，心理学概念，是指人类生命历程中已经发生但目前未被觉察的心理活动，是人们"已经发生但并未达到意识状态的心理活动过程"，其与意识共同构成人类所有的心理活动 / 认知活动。

直在寻找机会表现自己的个性。

所以，那次单独行动，实际上是我在追逐自我的变化，满足逆反心理的需求。我不愿再充当原来那个循规蹈矩的我，我想做一个不同的我，一个富于冒险精神与英雄气概的我。我为自我的重生而振奋，而欢呼。

但是，当我一个人瘫坐在小溪旁，呆望着那湍湍而过的溪水时，我是多么怀念原来那个循规蹈矩的我，我这才发现，原来的那个我活得多么自在。

我的新我尝试虽没能使我获得新生，但我毕竟潇洒"傻"了一回，也莽莽撞撞、委委屈屈地过了把"冲动瘾"。

不过话说回来，青少年时期就是自我观念与行为的尝试期，所以上天都会原谅年轻人冒傻气的，只是当心傻气不要冒出了格。

## 相关科学研究 24——逆反：自主性的不断增长

许多人认为，青少年表现其自主性的方式就是反抗承认的意愿，那么思想和行为的自主性究竟意味着什么呢？

研究人员详尽地考察了青少年思想和行为自主能力在青春期是如何变化的，他们对问题进行了研究，发现四点变化。一是决策能力的变化，从他人说自己听变为自己思考，自己做出决定。而在青春期晚期，则倾向于遵循同辈及成人的意见。这些发展为行为自主提供了认知基础，他们渐渐变得更能够预测未来，并且评估不同选择的可能后果和危险性。二是易受同龄人压力影响，往往把同龄人的评价作为自己为人处世的参考体系。三是越发想要表现自己，获得他人的认同和赞赏。四是常会特立独行，标新立异以彰显自己的与众不同。这些变化都是青少年生物性发展和社会性发展交互作用的结果。

> 岳博士家教百宝箱

成人如何以积极的心态和有效的方法帮助青少年度过青春期？在此，我有以下建议。

### 岳博士家教建议 70：给予孩子温暖的呵护

家长要了解孩子的大脑神经系统和身心发展的巨大变化，有的放矢地关怀他们，引领他们，给他们情感的温暖。

### 岳博士家教建议 71：接纳孩子的不同意见

家长要帮助孩子去发展自我，让孩子通过提问或阐释的方式来表达内心的想法，并接纳孩子的不同意见。

### 岳博士家教建议 72：引导孩子学会独立思考

对于孩子表现出的个性和独立思考，家长切忌简单粗暴地贬低其价值，否认其用心。对孩子的创意表现，家长要肯定其动机，论证其方法，以在不断的讨论中培养孩子的独立思考能力。

青年人的性格如同不羁的野马，藐视既往，目空一切，好走极端。他们勇于变革却不去估量实际的条件和可能，结果常常因为浮躁而变革不成，招致意外的麻烦。

——弗朗西斯·培根（英国哲学家）

# 镜中的我——如何理解自我觉醒

在那面黑底的"镜子"里，我看到了一张很有轮廓的脸，眼窝深陷进去，双眉浓浓的，嘴唇薄厚恰到好处。更重要的是，那张脸显得光滑如玉，看不出任何青春痘。我感到那张脸是如此顺眼，可惜我每天必须等到晚上才能观赏它。

17岁的时候，我忽然对镜子产生了特殊的依恋。

从小到大，镜子对我来说，不过是早上洗脸时的一件用具。每次照镜子，只是为了检查眼屎有没有洗干净，脸上有没有什么污迹，或是那颗新长出的牙是什么样子的。平均说来，我每次照镜子的时间不超过三秒钟。

所以，在我17岁以前，镜子基本上是一件可有可无的用具。

那时候，我对自己照片的端详时间要远远长于照镜子的时间。特别是对自己的某些得意之照，我可以看上一分钟。但在镜子面前，端详五秒钟已经算破纪录的了。说到底，男孩子有什么可照镜子的？

上了高中之后，我不知不觉地延长了照镜子的时间。这有一个很现实的理由，就是我的脸上开始长出一些小红痘来，它们长到一定程度就变成了白色。这些小红痘倒不痛，却十分恼人，本来一张很光滑的脸，现在时不时地冒出些小痘痘，又没有什么药可擦①，真是烦人。

所以，我每天洗脸，一项重要的任务就是检查脸上的小红痘消失了没有，哪儿又冒出了新的小红痘。此时，镜子已经成为一件必不可少的用具，照镜子也由生活的奢侈变成生活的必需。

我不再想男孩子照镜子有什么用了，而是想是不是每个男孩子都像我一样延长了照镜子的时间。我刻意观察了一下班上其他男同学，发现他们当中不少人脸上也开始长出小红痘，甚至有些女生的脸也冒出了小红痘，害得她们看人的眼神都是怪怪的。

有一天，父亲发现我正在对着镜子抠那些脸上的小痘痘，就告诫我那些小红痘叫青春痘（又称粉刺、暗疮），千万抠不得，不然脸上会留疤的。我这才明白，青春痘是大多数青少年的烦恼，男女皆然。

由于镜子照得多了，我也开始多打量自己。有一阵子时间，我发现自己的脸色不够红润，就去悄悄请教那些面色红润的男同学是怎么弄的，结果有人告诉我每天用凉水洗脸，就可以使脸色红润。于是我也每天用凉水洗脸，可惜面色没有红起来，脸上的青春痘却大片地多起来。

后来母亲告诉我，长青春痘期间不宜用凉水洗脸，那样会刺激青春痘的生长，我才又恢复用温水洗脸。此时，我不再奢望自己的脸色会像关公那般"红如重枣"，只要不再长那些青春痘，我就谢天谢地了，省得每天照镜子时心绪不宁的。

有时，望着镜子中那一脸的青春痘，我真想把那镜子给砸了。

由于脸上长有青春痘，我不愿意再举着镜子端详自己，而是愿意保持

---

① 在我成长的年代里，市面上还没有任何治疗暗疮的擦脸膏出售。

一段距离打量自己。我特别愿意在半明半暗的地方观赏自己，那样才望得出自己的良好感觉。此时，我已经对镜子产生了深厚的感情，而这种感情是建立在一定的距离之上的。太近了照自己不免会烦恼，太远了照自己又什么都看不清，所以在不远不近的地方看自己，越看越有味，越看越得意。

毕竟，距离产生美 [1] 嘛。

记得我端详自己最得意的地方，不是在家中的镜子里，而是在我母亲办公室的玻璃窗前。深夜时分，那扇大玻璃即变成了一面黑底的"镜子"，我在屋里复习功课，时常会站起来观赏自己长达五分钟之久。

在那面黑底的"镜子"里，我看到了一张很有轮廓的脸，眼窝深陷进去，双眉浓浓的，嘴唇薄厚恰到好处。更重要的是，那张脸显得光滑如玉，看不出任何青春痘。我感到那张脸是如此顺眼，可惜我每天必须等到晚上才能观赏它。

后来，我照镜子不仅是端详自己脸的轮廓，还有头发的样式、双臂的肌肉及肩头的宽窄等，我在镜子里绷起臂肌、胸肌等部位自我欣赏。我开始嫌家里的镜子太小了，提议爸妈去买个大点儿的回来。可惜那时候商店里没有家用的大镜子出售，即使有卖的，买回来家里也没地方摆。

再后来，我考上了大学，住在学生宿舍里，照镜子不大方便，也就懒得去照了。毕竟我是个男孩子，男孩子是不必爱上镜子的。

渐渐地，照镜子又变成了生活的奢侈品。

我在美国选修青少年心理学这门课时，老师给大家推荐了几本教科书，其中一本书的封面上，画着一个男孩子在镜子面前望着自己的模样出

---

[1]　距离产生美，是一个美学原理。它在 20 世纪初由瑞士心理学家、美学家爱德华·布洛（Edward Bullough）在《作为艺术因素与审美原则的"心理距离说"》一文中首次提出。

神，我马上想起了当年的我。可笑的是，那孩子用手捂住了脸的一角，我想那背后说不定正藏着几颗不大不小、红白相衬的青春痘呢。

镜中的我，是青少年的烦恼与憧憬。

镜中的我，也是青少年的梦幻与思索。

## 心理分析——心理觉醒的一扇窗

镜子，是青少年自我觉醒的一扇窗户。

照镜子，是青少年成长当中不可缺少的经历。

当一个青少年在镜子面前端详自己时，他观察的不仅是自己的相貌体形（appearance），也包括他内心的自我感受（self feelings）。

小孩子照镜子，看的不过是自己脸上有没有什么脏污东西，再大一点儿照镜子，看的是自己的五官是否匀称、标致。而到了青春期，他们照镜子，不仅观赏自己的容貌体形，还开始修饰自己的发型，勾画自己的眉目，以使自己的相貌更加顺眼。特别是女孩子，她们更是各有各的照镜子方式，但其内心的自我审视都是一样的。

青春痘的出现，会给少男少女们带来不少烦恼，以至于有的青少年看人时的眼神都不自然，他们总是担心别人是否注意到自己脸上那一颗颗红白相间的青春痘，他们无比羡慕那些脸上光滑如玉的人。

面对着镜子，青少年在烦恼，在困惑，在感叹，在梦幻。

## 成长启示——自我形象的审视

青少年照镜子会有不同的方式，也有不同的目的。像我那样愿意在黑底的"镜子"里端详自己、幻想自己，恐怕也是许多少男少女的体验吧？

其实，这种"距离美"的产生，就是要将自卑压到最低程度，把自信抬到最高程度。

青少年对自我是很敏感的，他们几乎活在别人对自我的评论当中，别人的一句好话可使他开心好几天，别人的一句坏话也可使他烦恼好几天。他们缺乏对自我的信心，就像他们有时不习惯直接照镜子看自己一样。

青少年照镜子，其喜也罢，忧也罢，叹也罢，愁也罢，表面上体现了他们对自我形象（self image）的审视，而本质上则反映了他们对自我感受的关注及对自我完善的需求。

青少年也是在照镜子中长大的。

## 相关科学研究 25——自我客体化

自我客体化被定义为个体内化第三人对自己的看法，将自己当作一个基于外表被观看和评价的物体来对待，并形成对身体外在形象的习惯性监控，即意味着个体更倾向于站在旁观者角度思考、评价自己，关注自己看起来怎么样、感觉怎么样等。

这也是青少年自我意识发展中重要的一部分。

自我意识又称为自我概念，是一个关于自我及自我与他人、周围环境的多重关系、多层次的认知和评价，其中包括生理自我、心理自我、社会自我。

心理学认为，自我概念是人的心理自我图式，是我们组织自己所处世界的心理模板，是对自己的认识，其中包含身体的样貌、身体的健康程度、兴趣、智力、个性、情感等总的看法。自我意识的不断增长，触发了理想自我与现实自我的心理对话，通俗地说，就是自我的客体化。

不仅如此，个体要融入社会，成为一个受欢迎的人，需要提高个体的社会性，即从多角度来评价自己，分析人情物事，这种客体化的心理效应也称为换位思考，为从他人的角度审视自己提供了一个心智的基础，促进个体以成人的角色走进社会并承担自我的责任。

**岳博士家教百宝箱**

青少年对镜子的迷恋，还在于镜子可以使他们产生无穷的幻想，面对着镜子，他们梦想自己会成为一名演员、一个歌星、一位作家、一名学者……此时，镜子里照出的不仅是一个人的模样，也包括了他的梦幻，从这层意义上讲，镜子可谓青少年自我确认的一个重要窗口。

## 岳博士家教建议 73：理解孩子照镜子的行为

看见青春期的孩子照镜子，家长千万不要去责骂他们、讥笑他们，他们难得在镜子里凝视自己一回，就让他们好好地看个够吧。

## 岳博士家教建议 74：接纳孩子照镜子的行为

青少年迷恋镜子绝非偶然，因为镜子里照出的不仅是他们的生理变化，还有他们的心理变化，这是他们自我确认的第一步，也是他们追求自我完善的开始。

## 岳博士家教建议 75：引导孩子觉察自己成人意识的觉醒

孩子随着年龄的增长，会对别人眼中的自己特别关注，由于这种心理的成长，孩子的行为也会随之而变化，比如梳头、挤青春痘、学着打扮、喷香水、讲究个人卫生等，由对自己外在状态的关注渐渐转入精神方面的追求，这些是孩子成人意识觉醒的标志。家长要理解此时孩子的变化。

　　青少年最大的兴趣目标是自我。

——斯坦利·霍尔（美国心理学家）

# 替同学担过——如何理解仗义心理

结果，老五到底也没有承认自己是要偷粮票。这使得老师对他彻底绝望了，也对我表现出了十分的不满。在很长时间内，我不知道自己是做了一件对事，还是做了一件错事，我只是跟着感觉走了。

我上中学的时候，一次全班同学下乡学农。

一天，老师指派两个同学去买粮。结果不知怎的，粮店的人只收了钱，没有收粮票①，这两位同学也就将粮票留了下来。后来粮店的人发现了此事，立即追到了我们学农劳动的生产队，指责这两位学生私偷粮票，而他们两人则坚称没有偷的意思，只是想拿回来交给老师。但无论他们怎么解释，这都是一桩说不清的事情。

对于两位同学的行为，老师和班上的大部分同学都认为这是他们的过错。无论怎样，买粮交票是天经地义的事情。但班上有少部分同学，也包括我在内，则很同情这两位同学的处境，认为他们本质上并没有错。而其

---

① 当时买粮食，除了收钱外，还要收粮票。

中的一位同学，正是我当初拜把兄弟中的老五。

后来，两人中的一位同学在老师的不断引导下，认了错，可老五仍不肯认错。老师见做不通他的思想工作，就指派我去说服他，因为他知道我们的关系很好。这下子可把我夹在中间了，说服老五认错，不光我想不通，也有出卖朋友之虞；不说服他认错，则有负老师的重托。几经思想斗争，我决计在老师面前替老五辩护。

我还清楚地记得那天早上，老师约见我，向我了解劝说老五的情况。他在瞪着眼睛听我讲完替老五辩护的话后，顿时指责我丧失立场，不分是非，令他大失所望，并要我在班干部会上做检讨。

老师讲话声音之大，令附近干活儿的许多同学都听到了，他们停下手中的活儿，不住地向这边张望。我只得默默地听着，末了耷拉着脑袋离去。

我受训斥的事情很快在同学中传开，有人看我胆敢冒犯老师，自讨苦吃而笑话我，但也有人为我有勇气坚持己见而暗中钦佩我。老五见我替他担过，甚感过意不去，就来找我商量，是否该认错了事。

说实话，当时我内心真想让他认错，这样做我在老师面前就可以交代了，省得替人背黑锅。但转念一想，如果由我劝他认错，心里总觉有些对不起他，而且我仍觉得他当时不交粮票，并不是他有意要偷粮票。想到这里，我对老五说："你当时怎么想的就怎么说，没必要勉强自己去做任何事情。"听了我的话，老五动情地说："你说得对！"

结果，老五到底也没有承认自己是要偷粮票。这使得老师对他彻底绝望了，也对我表现出了十分的不满。在很长时间内，我不知道自己是做了一件对事，还是做了一件错事，我只是跟着感觉走了。

回首往事，我感到当时我的确是做了件跟着感觉走的事情，因为青少年时期的一个突出心理特征是同伴的意见可以高于一切，青少年往往可以为获得同伴的认可而牺牲个人利益，青少年之间也最容易获得思想共鸣，听信对方。

所以，对劝说老五认错一事，如果在早几年，我会毫不犹疑地执行老师的指令。因为在儿童时期，老师的话犹如上帝的旨意，老师的一句表扬可令学生做出一切他所期望的事情，老师的一句批评也可令学生垂头丧气好几天，因为那是老师的话。

而如果晚几年的话，我也许会与老五好好探讨整件事的前因后果，启发他自己去认识其中的失误。至少他买粮不交粮票这一事实是错的，虽然他不是故意的，而是想将粮票交给老师。我不会完全靠直觉去判断是非，我会考虑得更周全一些，虽然我仍会相信老五的话。

更重要的是，我不会替老五在老师面前争辩什么的，那样的结果只会适得其反。我在这当中应该做的是沟通工作，而不是简单地替其中一方担过。

但对于一个十六七岁的高中生而言，有时获得同学的称赞比获得老师的称赞还重要，我是这么去做了，也为此付出了代价。

事隔多年，老五与我再次谈起了此事，他说我当时讲的一句话令他深受感动，因为我实际上是在支持他坚持己见，只是我没有明说罢了。我回答说："我当时只是做了一件对得起朋友的事情。"

说到这里，我们都会心地笑了。可那笑中，又夹杂着多少对往事的忧伤？

## 心理分析——透视心理忠诚度

中学时期的朋友最多，也最忠实于彼此。

小孩子的时候，基本上是在家听父母，在校听老师。同学不过是同堂共学的意思。同学之间与谁玩，不与谁玩，不仅是兴趣的结合，也常是家长的选择。那时候，同学们玩在一起，笑在一起，说和就和，说散就散，来去都是一阵风。

上了中学之后，同学就不再只是同堂共学的意思了，而是增加了同心共学的意思。同学们聚在一起，说得多了，玩得少了。他们开始交流彼此的喜怒哀乐，讲述自己的心底之话，并从彼此的话语中获取心理上的安慰与生活中的智慧。他们还拉帮结伙，一同行动。他们不仅严格挑选要去的地方，也严格挑选参与的人员。他们要让班上乃至学校的其他同学都知道他们的存在，羡慕他们的组合。

这就是他们同心共学的意思。

此时"同学"两个字，已被赋予了新的含义，变成了一个很神圣的词语。

渐渐地，青少年生活中的许多决策开始由同学之间相互来做了，但父母没有因此而省心，教师也没有因此而歇口气。他们会无奈地发现：同学，作为人际关系中的一种特定角色，正在逐步取代他们的地位。同学之间的一句话，有时可以顶替他们说的十句话。

中学时代，有时获得同学的称赞比获得教师的称赞更为重要，这既是青少年的特点，也是青少年的困惑。

## 成长启示——对人要无愧我心

在上述事件中，我的确是做了一件跟着感觉走的事情，其孰是孰非、执功执过，都只能留待日后去慢慢体会了。对于这段经历，我不能用一个"对"字或一个"错"字来简单地加以概括，我只是想说，那是一个青少年的处世方式。所以，我希望老师能谅解我当时使他失望了，也希望老师能理解我内心其实也很为难。归根到底，只因我当时处在青少年时期，思想还不够成熟，不能把这件事情想得更周全。

青少年为什么会这么做呢？答案其实很简单，就是青少年作为一个社会群体，有着共同的思想基础。他们上不能很好地与父母、师长沟通，下不屑与小孩子们为伍，彼此便很容易结为知音，也很愿意顺从彼此。难怪心理学的研究证明，人的同伴从众行为[①]（peer conformity behaviour）在青少年时期表现得最为突出。

为了获取这份思想上的共鸣，也为了成为彼此心目中的英雄，青少年往往不惜与家长和师长作对，虽然他们也明白这种做法可能要付出很大的代价。青少年就是在这样的"一半清醒一半醉"的状态下度过人生的"动乱期"的。

你能怪他们什么呢？

青少年做事，往往因过于在乎忠于彼此，为求无愧我心，而无法尽如人意。

青少年的日子，也不都是阳光灿烂的日子。

## 相关科学研究 26——同伴关系对发展的影响

瑞典公布了一个研究报告，引起了国际关注。斯德哥尔摩大学的研究

---

① 同伴从众行为，这里指个体在受到群体压力之下在知觉、判断、动作等方面做出的与众人趋于一致的行为。在青少年时期，人们的道德判断很易受同辈人观念和行为的影响。

者在 20 世纪 60 年代对 14000 名当时 12 岁左右的孩子的人际关系等情况进行了观察研究。37 年后，研究者调集了可靠的相关数据，进一步了解孩子们的生存状态，结果发现：在校期间同辈关系不好、功课在及格边缘的孩子，以后得心脏病、糖尿病的概率大大高于人缘好的孩子；得精神疾病，如抑郁症、焦虑症等的概率，也比人缘好的孩子多出几倍。

同伴群体通常是由年龄、兴趣、爱好、价值观和行为方式大体相同的人组成的。他们相互影响、相互作用，在青少年的学习与社会性发展中起着十分重要的作用。心理学研究表明伙伴之间会形成一个彼此行为的参考体系，形成一种心理归属感。朋友之间积极的相互影响，往往更为自然，也更符合其内心需求。良好的人际交往，可以满足人的多种心理需要。他们能从同伴那里获得情感支持和帮助。特别是当其受挫时，同伴的陪伴与支持无疑将减少孤独感、恐惧感和无助感。还有，获取成就感同样需要其同伴的认同，这样才会有更多的意义。如果这些心理需要得不到满足，就极可能会影响其身心健康。在青少年自我意识的发展中，来自同伴的反馈与评价起着重要的作用。在这过程中，青少年自我意识也将越来越清晰，越来越准确，越来越接近真实的自我。这也有利于青少年社会性别和主流道德价值观的形成。

> 岳博士家教百宝箱

儿童和青少年期有良好的同伴群体陪伴，对其成长具有重大的影响力；而同伴隔离或进入不良团体，对其成年后的负面影响同样巨大。由此提醒家长注意——

**岳博士家教建议 76：引导孩子分清情与理的关系**

家长要帮助孩子理解情和理的关系，不能因为面子而丧失立场。特别是在校规上，家长更要与孩子有效沟通，让孩子学会分辨什么是原则问题、什么是非原则问题，以在关键时刻做到头脑清醒。

**岳博士家教建议 77：引导孩子养成良好的交往习惯**

家长要帮助孩子理解良好人际关系对自己的意义，激发孩子主动交往的愿望，引导孩子学习交往的各种技巧，使其获得更多的同伴支持，形成人际亲和与团队合作的环境。家长和老师要理解孩子的仗义心理，但是也要帮助孩子意识到过度意气用事也可能适得其反。

**岳博士家教建议 78：引导孩子增强团队合作意识**

家长要鼓励孩子建设性地运用同辈关系，提升成员的投入程度；通过同伴之间的吸引力，增强集体凝聚力；也可以安排同伴之间互帮互学等，促成孩子学业目标的达成。

岂能尽如人意，但求无愧我心。

——刘基（元末明初政治家、文学家）

# 其实你不懂我的心——如何理解你对理解的渴望

轮到我发言时，我只简单地说了一句话："我认为最好的发言是行动。"说完我就坐下了，不想这句话竟使老师生起气来，厉声批评我这样讲话是在与他对着干……

我上中学时，一次班里要下乡学农劳动一个月。行前，班主任老师组织全班同学就下乡劳动的意义和打算进行讨论[1]，不少同学都发言说将要充分利用这次机会，接受学农锻炼，掌握农活儿本领，以为将来下乡插队做好准备。老师听了不断颔首称是。

轮到我发言时，我只简单地说了一句话："我认为最好的发言是行动[2]。"说完就坐下了，不想这句话竟使老师生起气来，厉声批评我这样讲话是在与他对着干，是否定这次讨论会的意义，是骄傲自大……

老师的这一切指责说得我是一头雾水，备感受冤。

其实，我讲那句话不过是想表明，我将会用最好的行动在学农劳动中

---

① 那时人们在下乡劳动之前，通常要举行一个表决心会，以调动大家对学农劳动的积极性。

② 这句话在当时是很流行的一句口号，它提醒人们办事少说空话，多做实事。

起到模范带头作用。我不明白这怎么会是在与老师唱对台戏，使他对我发那么大的火，令我在众人面前尽失颜面。我不晓得老师怎么会这样曲解我的心意，我只是想换一个方式来表达我的决心罢了。而且，这本是一句响当当的口号啊……

那一天，我感到好委屈。

直到我去美国学了心理学之后，我才明白了当初这份委屈背后的心理学原因——原来，我与老师都陷入了自我中心的误区。由此，我们两人都不能很好地从对方的角度考虑问题，以至于产生了那场本不应该出现的误会。

就我来讲，我错以为自己讲"最好的发言是行动"就够了，不必长篇大论地说明其道理，那样老师就会期望其他同学也像我一样，做出实际行动的承诺。但我没有想到，老师组织这样一个讨论会，就是要提高大家对学农劳动意义的认识，并期待我们落实到发言表决心上。

对老师而言，他不该那样消极地理解我发言的用意。作为一个班干部，我讲那句话不过是想换个方式来表达我对学农劳动的热情，而不必千篇一律地在口头上表决心，这绝无与老师唱对台戏的意思。可惜老师只看我讲话的表面效果，误解了其真实用心，对我大加训斥，令我苦恼万分。

现在想来，在这一误会中，我与老师都过于主观，没能设身处地地替对方着想，以至于我没能了解到老师的期望，而老师也误解了我的好意。

像这样"其实你不懂我的心"的例子，在生活当中可谓比比皆是。其问题就出在，当人们看待他人的行为动机时，太容易以自我为中心了，结果导致了种种不必要的误会。

唉，为人之难，莫过于设身处地替他人着想了。

你说是不是？

## 心理分析——理解万岁

"理解万岁"，这句前些年流行的口号背后不知会有多少的委屈。

所谓"理解万岁"，实质上就是要克服个人思想中的自我中心意向（ego-centric tendency），尽量设身处地地替他人着想，以有效地与他人沟通。在这里，"理解"几乎成了忍辱负重的同义词，而所谓"其实你不懂我的心"，本质上就是要人们达到真正的相互理解（mutual understanding）。

就心理学而言，自我中心是一种单线思维，一切皆以自我为核心，凡事完全从个人的角度看问题，不能在你、我之间跑几个来回，多方面考虑问题。所以，同样一件事情，不同的人会有不同的看法，这就如同"情人眼里出西施"，是仁者见仁、智者见智的事情。但对于自我中心之人来讲，只有自己心目中的那个西施，才是真正的西施，至于其他人眼中的西施，都不过是东施、南施、北施之类的冒牌货，不值一提。

其实，人在面对人际冲突时，都会本能地从个人的角度来思考问题。而其高明者，既可以考虑到自己的利益，也可以兼顾他人的利益，做到知彼知己，自当"百战不殆"了。这说明，一个人在思考问题时，需要突破自我中心的围墙，学会以他人的视野来反省自我的言行，那样他就会立于不败之地。

## 成长启示——人需要学会自我平衡

人与自我中心意向做斗争，不是要放弃自身的利益，而是要学会兼顾各方的利益，不走极端，不强加于人。人在考虑问题时，当然会有个人的利益，而其实现应该建立在协调个人利益与他人利益的基础之上，这不仅是心理学的道理，也是做人的艺术。

只有凡事以自我为中心的人，才会感到自己的利益永远没有得到满足。

在上述例子中，我没有充分了解老师对发言内容的期待，就讲出了那句"响当当"的实在话，结果遭到了一顿炮轰。静下心来，我也理解了老师的话不无道理，并为自己的考虑不周而感惭愧。这场误会的出现，就在于我们都错误地估计了对方的期待。

故此，人应该学会不断地反省自我，顾及他人，那样才能顺利地过渡到自我平衡的世界当中。

## 相关科学研究 27——自我中心和换位思考

哈佛大学心理学家克根（R. Kegan）提出：人的自我成长共经历了五个不同阶段。它从小孩子出生后自觉君临天下、主宰父母（如婴儿就是用哭声和笑声来使唤父母的），到感到自己是芸芸众生中一分子（儿童、青少年乃至成年），走过了一条由自我为主（imperial self）的世界到群我为主（interpersonal self）的世界，再返回自我平衡（institutional self）的世界（此时已无自我中心）的漫长道路。这本质上就是要一个人消除个人思想中的自我中心意向。

人为什么具有共情与换位思考的能力呢？现在科学家已经发现共情的神经学基础。人类共情与一种叫"镜像神经元"的细胞密切相关。这些所谓的镜像神经元像小行星一样分布在脑的各个区域。

研究者认为：当我们目睹他人经历特定事件，或倾听他人谈起自己痛苦或快乐的往事的时候，这些神经元就会和记忆系统、情绪处理系统以及行为组织系统共同发挥作用。

在研究中，无论是你自己撕纸还是看见别人在撕纸，或是听见他人说"有人在撕纸"，这时你大脑中的相应区域都会被激活。当别人在吃山楂或者说到"山楂"这个词的时候，我们也常常会有酸的感觉。

脑的镜像神经元，为我们建立了直通他人内心的通道。它使人能够理解他人的感受，更准确地识别他人的身体语言，也更能换位思考。

> **岳博士家教百宝箱**

对一个具有强大共情能力的人来说，在观察或感受到别人的情绪变化后，他会在头脑中设身处地地想象对方身处的情境，并做出积极的回应。我们千万不要误会，认为共情换位思考的能力既然是与生俱来的，就不需要进行后天的训练和培养。实际上大脑生物学的理论只是提供了一个基础，如果后天从没有过训练和得以发挥的机会，这些潜能就无法得以发挥。

### 岳博士家教建议 79：引导孩子学会理解共情

在学习、生活中的许多时候，我们并不要求他人能帮助自己解决问题。只要对方能够倾听、能够理解，就会让自己纠结的心变得舒坦了。在人际交往中，有一句话非常有价值，那就是"理解万岁"。

### 岳博士家教建议 80：引导孩子学会表达共情

家长要用多样化的方式在生活情境和学习情境中帮助孩子更好地去感

受他人，理解他人，表达关怀，学会换位思考，增进人际交往。

**岳博士家教建议 81：引导孩子学会感恩共情**

家长要鼓励孩子对别人的共情行为表示感谢，以提高孩子的情商和感恩能力。

自恋，是人性之大敌。

——西格蒙德·弗洛伊德

# 吃咸蛋——如何理解同学间的恶作剧

当我们将蘸满盐的鸡蛋塞进他嘴里时，他才明白了我们的真正意图。但他已夸下海口，此时只得翻着白眼将三颗咸鸡蛋一颗一颗往下咽，大声嚷着要水喝。

上中学的时候，有一次我们去乡下学农劳动，住在老乡家里。中午吃饭时，每个人通常会发一颗煮熟了的鸡蛋。有时大家舍不得中午吃，就会留到晚上泡着热水吃。但不知怎的，连着好几天，我们四人一间的屋里总会丢失一颗鸡蛋。起初，我们相互猜疑，几乎闹出一场内讧。后来，大家怀疑这些鸡蛋可能是被一个经常到我们屋来做客的同学拿了去，于是开始认真观察他。

我们设计好，每天都将四颗鸡蛋放在炕边，等那个同学来了，三个同学就借口出去，留一个同学在屋里，并时常出入屋内，以给他"作案"的机会。如此等了三天，那个同学又来了，我们立即依计而行，分头行动。过了一会儿，那个同学起身告辞，果真带走一颗鸡蛋。于是真相大白，下一步的问题是怎样惩治他。

有人提议好好骂他一通，让他以后不要再来找我们。但大家都是同学，每天低头不见抬头见，不可能做到这一点。还有人提出让他把每天分到的熟鸡蛋都给我们吃，直至还清了"账"为止，但又觉得这一招不够解气，也显得太小气了。于是我提议，下次再设计捉住他，让他一连吃下我们那四颗鸡蛋，而且是蘸满了盐的，然后再放他走。我这个建议获得了大家的一致拥护。我们向邻屋老乡借了许多盐来，专等这一刻的到来。

可连着好几天，那位同学都不来找我们，害得我们每天都等到睡觉前才吃下鸡蛋。后来，其中一位等不下去了，就开始每天吃他那颗鸡蛋。但另两个同学与我一条心，一直等待时机的到来。大家每天晚上睡觉前，都跪在炕头上祈祷第二天能让那个同学吃上咸蛋。

几天后，那个同学果然又来了，我们热情招呼，依计行事，将三颗鸡蛋摆在炕边，他走时果然又顺手装进兜里一颗。我装作不知，送他出门，连忙招呼等在外边的三位同学进来，一同"制裁"他。

在"人赃俱全"的情况下，他承认了以前所做的一切，还嬉皮笑脸地说他最喜欢吃鸡蛋了。这正中我们的下怀，立即要他将三颗蛋当着我们的面都吃下去，他拍着胸脯连声说"没问题"。

我们忙将三颗鸡蛋剥掉皮，拿出老乡给我们的那包盐，蘸了许多在上面。望着那包白白的粉末，他紧张地问我："那里面，不是什么农药吧？"我回答说："不是，是盐，好让你吃着有点儿味。"

当我们将蘸满盐的鸡蛋塞进他嘴里时，他才明白了我们的真正意图。但他已夸下海口，此时只得翻着白眼将三颗咸鸡蛋一颗一颗往下咽，大声嚷着要水喝。看着他那副惨相，我动了恻隐之心，想给他水喝，但被另一个同学拦住了，直到他吃下所有的蛋才放他出门。

那天晚上，我们整整笑了一夜。

不想，那位同学此后竟吃不下鸡蛋了，时常把发的鸡蛋拿来给我们吃。这又让我很过意不去，后悔不该那样拿他开心。

自打学了心理学以后，我就一直为此事放心不下。1991 年回国讲学，我终于有机会再次见到那位同学，没聊几句话我就问他现在还怕不怕吃鸡蛋。"不怕呀。"他回答说，一脸困惑地望着我。我连忙岔开了话题，心里的一块石头终于落了地。

谁叫我学了心理学来着。

## 心理分析——厌恶疗法

男孩子在一起没有不淘气的。

在上述故事中，我们四个男生合起来整治了那个偷吃我们鸡蛋的男生，因为他几乎使我们之间火拼起来。我们设计了一个"制裁"他的方案，也最终得逞了。

现在想来，我们当时实际上是用了心理学上的厌恶疗法[①]（aversion therapy），将原味的鸡蛋与严重的咸味联系在一起，建立了条件反射[②]（conditioned reflex），使那个同学对吃鸡蛋产生了强烈的厌恶。这类把戏恐怕是男孩子之间常见的恶作剧，似乎也不算过分。

---

① 厌恶疗法，心理学概念，是指采用条件反射的方法，把需要戒除的目标行为与不愉快的或者惩罚性的刺激结合起来，通过厌恶性条件反射，以消退目标行为对患者的吸引力，使症状消退。

② 条件反射，心理学概念，是指在一定条件下，外界刺激与有机体反应之间建立起来的暂时神经联系。

但我时常想，若是再回到从前，我是否还会一样地逼他去吃咸蛋呢？我想我还会的。

因为十六七岁的男孩子为了这么一点儿小事，是犯不上大动干戈的，可完全忘记，却又没有那份涵养和功夫。所以，在生活中搞个小恶作剧，也未尝不可，至少为日后老同学聚会准备些忆旧的笑料。所以，至今我都不后悔当初提出那个惩治方案，毕竟是四个男孩子在一起，他们还能想出什么好主意来？

## 成长启示——恶作剧有度

不过，如果再回到从前，我想我不会让他一口气吃下三颗咸鸡蛋，三颗淡鸡蛋还得咽半天呢，且不用说不给水喝，还不噎坏了？这实在做得有点儿不够意思了。难怪他那段时间内见了鸡蛋就怵头（害怕），我也因此背了许多年的心理负担，说来我真是自作自受。

那我会怎么办呢？我想我会建议让他吃下两颗咸鸡蛋就够了，因为吃两颗咸鸡蛋恐怕还不至于使他建立条件反射，对鸡蛋产生厌感。两颗鸡蛋咽起来还是可以接受的，人们不是常说"事不过三"吗？

如果有可能的话，我或许会建议让他吃下六七个小鹌鹑蛋，当然还是咸的。那鹌鹑蛋小小的，三四个才顶一个鸡蛋，咽下去也方便，即使建立了什么反射，也没什么大不了的，就算他这辈子不爱吃这不大不小的蛋类食品，也没什么关系。

当然，这都只是我的想象而已。

念岁月悠悠，世事茫茫，20 年的风风雨雨，早已使我们对往日的记忆昏昏沉沉，就连当事人自己都想不起这件事来了。但我还记得它，因为当初是我出的主意，我才一直为此放心不下。

千言万语，我想告诉男孩子们，在你想幽默人生，要个什么鬼把戏时，一定要三思而后行。纵然你的恶作剧没有什么恶意，但其结果可能会是很糟糕的，我算是幸运的了。

北京人民艺术剧院的一位艺术家曾言：一切都是个火候儿。

慢慢练吧。

## 相关科学研究 28——透视恶作剧

恶作剧的心理成因，源于逞强好胜和表现自己的心理，究其实质，是一种寻求关注证明自己独特性的心理需求。恶作剧行为常见于儿童和青少年。对于未成年人而言，逞强好胜是心理发展到青少年阶段的一个典型特征。他们的身心在这一时期有了很大的发展，在学校和家庭中的地位也发生了变化。未成年人通常会在各种场合寻找机会来显示自己的英雄行为和力量。当这种逞强好胜的心理以不恰当的方式表现出来时，就是恶作剧行为。

对于成年人而言，恶作剧则是一种行为特征上的倒退现象，是一种典型的心理变态行为，在一定程度上显示了心智不成熟和道德感缺失。

恶作剧是一种不良的行为方式，是将自己的快乐建立在别人的痛苦上。做出恶作剧的人虽然一时心里痛快，但自身也会受到心灵毒害。

岳博士家教百宝箱

家庭和老师要理解孩子青少年时期寻求关注、喜好表现的心理特点，为了促进孩子心理的成长，我提出以下建议。

## 岳博士家教建议 82：引导孩子正向释放能量

家长应当正向引导，提供更多的机会让儿童、青少年去释放积极的能量，将其升华为创造力和服务社会的行动，使他们的精力有用武之地，更好地表现才能。

## 岳博士家教建议 83：引导孩子建立道德意识

家长要对儿童和青少年的恶作剧念头及行为进行顺势引导，接纳并化解其不良的情绪，加强道德教育，提高其道德意识。

## 岳博士家教建议 84：引导孩子远离欺凌行为

家长要教育孩子懂得同学之间闹矛盾是正常现象，如果采取暴力手段化解就可能导致欺凌行为。这不仅会伤害对方的自尊，也可能会同化自己的不良冲突化解模式。

对过错的追悔是对生命的拯救。

——德谟克利特（古希腊哲学家）

# "土豆英语"和"巴特英语"——如何理解
# 自我中心的负面效应

他们以为在学生面前数落另一方，学生就会站到自己这一边，接受自己的观点，其实学生们往往是哪一方都不站，而是同时接受双方的观点。

我上中学时，有两位老师曾教过我们英语。

其中一位老师是北京人，英语发音颇为标准；另一位老师则是呼和浩特市人，讲一口标准的本地方言，讲起英语来也带有几分地方味。两位老师平时各授其班，偶尔也互为代课。但不知怎的，有一阵子两人的关系搞僵了，竞相在学生面前揭对方之短。

一天，北京来的英语老师上课时，忽然气上了头，愤愤地评论说："×× 老师也配教英语，他的发音根本就有问题，怪腔怪调的，土里土气的，简直就是个土豆调的英语（potato English）。那我讲的是什么英语？是科班出身的英语，是'巴特①味的英语'（butter EngIish）……"

———————————

① 巴特，即英语中 butter（黄油）一词的中文谐音。这里指他的英语高人一等。因为在人们的一般观念中，黄油比土豆高了好几个档次。

如此形象的比喻，令全班同学笑作一团。

过了些天，那位本地的英语老师来代课。一上课他就说："我听说××老师在你们面前说我的英语是'土豆英语'，他的英语是'巴特英语'。哼，我看他人就长得像一颗土豆似的，那个头，光秃秃的，没几根毛，一点儿都看不出巴特的味来，哼……"

他的比喻也使大家笑浪迭起，他自己也跟着笑了。

从此，两位老师无论谁来上课，同学们都会莫名其妙地笑上几句，不知是看出了什么土豆的样子，还是听出了什么土豆腔。同学们之间也动不动开玩笑说："别念你的'土豆英语'了，还是先回家煮土豆吃去吧。"再不就是说："吃过巴特没有，没吃过就别念英语了，免得让人家看上去就像个土豆似的。"

更可笑的是，由于那位自诩讲一口巴特英语的老师被另一位老师形容长得像土豆，同学们就私下把他称作"土豆"。时不时同学们会说："今天上午头两节是×老师的课，后两节是'土豆'的课。"有一次，我的同桌还一本正经地对我说："你跟着土豆学英语，永远也闻不到巴特的味。"逗得我忍俊不禁。

其实，老师之间相互闹矛盾是常有的事，也情有可原。但像上述两位老师那样，在学生面前互揭对方之短，实是不智之举。他们逞一时之口强，泄一朝之私愤，在同学们面前讥语相讽，恶语相伤，到头来却是两败俱伤。

他们以为在学生面前数落另一方，学生就会站到自己这一边，接受自己的观点，其实学生们往往是哪一方都不站，而是同时接受双方的观点。

至今，我还清楚地记得两位老师在数落对方时的得意神态。可事实上，他们两人谁也没有能真正得意，真正得意的是学生，他们忽然间掌握了一批最形象生动的讥讽词语，能不开心吗？

所以，两位老师这么做，多少有些雅量不足。他们以为自己讲什么，学生就会听什么，殊不知，学生真正听进去的，恰恰不是两位老师想让他们听的话。如果两位老师明白这一点，说话留有余地，也就不会那样相互揭短了。

更可悲的是，他们这样相互讥讽，多多少少影响了各自在学生心目中的形象，还在一定程度上影响了学生学英语的热情，毕竟谁都不愿被人说自己讲的是土豆英语，你说是吧？

最后，我仍然要诚心感谢我的这两位英语启蒙老师，是他们为我日后的英语学习铺垫了基石。

## 心理分析——隔离臆想听众

"搬起石头砸自己的脚"，这是毛泽东常用的一个比喻。人为什么会搬起石头砸自己的脚呢？这是因为人在搬起石头砸下去的那一刻，时常错把自己的脚当作别人的脚，直到砸痛了，才明白是怎么回事，可已是悔之晚矣。

那么，究竟是什么因素使人在砸石头那一刻产生错觉的呢？还是人的自我中心意识在作怪。

它使人们在揭人之短、树己之长时，幻想对方会完全听信自己讲的话，站到自己这一边，甚至会为他去找那个惹他生气的人算账。可惜，这种情况不是没有，只是很少出现。在大多数情况下，听话之人都会尽量从客观、中立的角度来分析你说过的话，在肯定你讲话中合理部分的同时，也指出或不同意你说话中的某些不够合理部分。

那么，又是什么因素使人确信听话之人就会站到自己这一边呢？是人们心目中的臆想听众太接近自我了。也就是说，人们在揭人之短、树己之长时，常会主观地判断臆想听众的反应，把他们的想法与自己的想法想得一模一样，不善从对方角度去想一想别人会怎样理解自己所讲的话。

用一句通俗的话来讲，他们不够有自知之明。

## 成长启示——相互埋怨，伤人伤己

对于上述两位老师之间所出现的矛盾冲突，他们本可以找朋友、同事或学校领导来协调解决。可惜他们在学生面前挖苦对方，结果适得其反。他们没有想到，两个人的脚其实是拴在一起的，这样搬起石头砸下去，只能使双方都受到伤害。

早知今日，何必当初。他们两人事后又互相埋怨，其实，他们真正应该埋怨的是他们各自的自我中心意识。他们两人应该共同搬起一块最大的石头，狠狠地向它砸下去，砸它个稀巴烂。

最后，请大家不要用"土豆英语"一词来相互取笑。土豆是一种很憨厚、质朴的农作物，它的营养价值很高，而且很管饱。

我，就是吃土豆长大的。

## 相关科学研究 29——人际亲和是幸福的核心要素

心理学将人际关系定义为人与人在交往中建立的直接的心理上的联系。它反映了人寻求满足其社会需求的心理状态。马斯洛认为爱和人际亲和是生存的必需。

美国现代科学史上跨时最久、规模最庞大的研究，叫格兰特幸福公式研究。到现在为止已经 70 多年了，这个研究依然在继续。70 多年的时间，研究者们得出了怎样的结论?

在长达 70 多年的漫长研究中,得出的唯一可靠的发现就是:生活中唯一真正重要的东西,就是你和他人的关系。爱情、亲情和友情对幸福至关重要。人与人之间积极的情感支持,能让我们冲破人生的艰难险阻不断前行。

岳博士家教百宝箱

人际关系心理学作为一门应用性学科,其根本任务是促进人际和谐,提升人们的幸福度。人是社会的人,而社会人是以群体生活为标志的。要想获得成功,拥有真正的幸福,就要与自己的重要他人建立良好的人际关系。

## 岳博士家教建议 85:引导孩子良性交往意识

家长要教育孩子多理解他人,认识人际交往在自己的日常生活、学业与职场中的重要性,树立良性人际交往的意识。

## 岳博士家教建议 86:引导孩子应对人际冲突

家长要以积极的态度、有效的方式引导孩子应对人际冲突,发挥共情的心理效应,学会谦让,学会分享,学会欣赏,学会自我批评,学会接纳。

## 岳博士家教建议 87:引导孩子的互惠互利品性

家长要引导孩子帮助他人、关心社会,培养孩子利他主义的精神,让孩子懂得付出、懂得感恩,提升良性竞争的能力。

不责人小过,不发人阴私,不念人旧恶。三者可以养德,亦可以远害。

——洪应明(明代思想家、学者)

# 吸烟的故事——如何理解仪式中的心理意义

　　于是，吸烟对我来讲完全变成了一个祝福、一种仪式。至于吸什么烟，则是无所谓的。

　　吸烟，对于许多人来讲是一种生活的习惯或交往的手段，但它对我来说，却曾是一项特别的仪式，一种精神的寄托。

　　我清楚地记得，我于 1977 年 10 月 6 日那天吸了第一支烟。

　　那是高考的前一夜，我独坐在母亲的办公室里复习功课，准备次日的考试。因为经常有一位爱吸烟的叔叔来这里给我辅导英语，所以父母就在办公室里给他预备了一盒牡丹烟①，供他吸用。

　　末了，我感到有点儿无聊，就拉开抽屉，望见了那包牡丹烟。当时，我心中不知哪里来了一股冲动，想吸一回烟试试。于是，我取出一支烟，点着火，在不断的咳嗽中吸完了我有生以来第一支烟。

　　吸完这支烟，我虽头脑有些眩晕，心里却犹有一种成人感。因为那个

_____

　　① 牡丹牌香烟，在当时是一种很高级的香烟。

帮我辅导英语的叔叔，就是经常吸着烟给我讲课的，他吸烟的那副样子很潇洒，令我对他别有一番敬意。

接着我又吸了两支，并尽量模仿他吸烟的样子。在袅袅烟雾中，我望着天花板，回顾着这些天来所复习的功课，祝福自己能够顺利通过未来三天的考试，脑袋更觉得飘飘然了。

三天的考试，我果然考得还行。后来我回到办公室收拾课本和复习资料，见那包烟里还剩下三支，就坐下来将它们一一吸掉，接着憧憬自己的未来……

不料，这两次吸烟经历，竟使我养成了一个习惯，就是每次面临重大事件的决策时，我都会想着去吸烟，而平时见了烟，我却毫无欲望。于是，吸烟对我来讲完全变成了一个祝福、一种仪式。至于吸什么烟，则是无所谓的。

后来，我与我那位美国心理学导师谈起了这一怪癖，他眯着眼睛问了我几个问题后，就开始给我解析道：

吸烟，这件生活中的小事，对我有着特殊的心理学暗示作用。首先，吸烟是我认同那个曾辅导过我英语的叔叔的体现，因为他早年毕业于北京外国语学院，而我也梦想自己能到那里去求学，所以他便成了我的精神偶像，并使我在无意识中竭力模仿他的言谈举止。而吸烟，正是我模仿他行为的一个具体表现。

其次，我每次吸烟，都选择在自己面临重大事件决策之时，这是因为我那一次的高考十分成功，所以吸烟又与奋斗的成功建立了条件反射的联系。它使我在每临人生重大考验时，都以吸烟来寄托自己的情思。这样，吸烟又会给我带来成功感。

"所以吸烟对我来讲，它的象征意义要远远超过其动作本身，因为它使我同时获有成人感与成功感，这是我第一次吸烟时建立的条件反射，对不对？"我总结性地问导师。

"对，对，"导师笑着点点头说，"这就是你这些年来虽时有吸烟，却从未染上烟瘾的原因所在。"

没想到吸烟这么件小事，竟含有如此深奥的心理学道理。

看来每个人的习惯动作后面都可能会有一段有趣的故事。而在心理学家眼中，这段有趣故事的背后，又可能藏有一段精辟的心理分析。

这个世界真是太需要心理学家啦。

顺便再提一句，我现在已经不再吸烟，而是改听古典音乐来寄托情思了。

## 心理分析——吸烟的象征意义

人的许多嗜好与习惯动作是在特定的生活环境和条件下形成的，它们可能会在人的潜意识中具有重要的象征意义（symbolic meaning）。所以，对于这些嗜好与习惯动作的解析（interpretation）将有助于人对自我成长的了解。

在上述事件中，我原本对吸烟毫无兴趣。不料，偶然在我母亲办公室复习高考，竟会使我对吸烟建立了一种特殊的依恋（attachment）。这种依恋的产生主要有三个原因：一、青少年好探险的心理；二、青少年偶像认同的心理；三、高考的顺利通过所产生的暗示作用。

其一，就青少年好探险的心理而言，由于青少年时期是个体从权威人物的影子中挣脱出来的过程，青少年时常会尝试做一些父母平时不允许做的事情（当然这不意味着应去做出格或违法的事情），以满足个人的好探险心理。

我小的时候是不会吸烟的，因为那是父母严加禁止的事情。再长大一些我也不吸烟，因为我心里明白吸烟对健康的危害。可就在高中毕业那段时间我吸上了烟，这在很大程度上由我那时的好探险的心理特征所致。

其二，就青少年的偶像认同心理而言，我曾梦想自己能到北京外国语学院去学习英语，而这正是那位辅导我英语的叔叔的母校。所以，他便成为我精神的偶像，他的言谈举止都成了我直接模仿的对象，包括他吸烟时的姿态。这也是因为青少年的偶像认同中，时常包含着很大的偶像神化（idol idealization）成分。

其三，就高考的顺利通过所产生的暗示作用而言，它使我将吸烟与奋斗的成功联系起来，形成了一种特别的精神依托和自我心理暗示。

## 成长启示——习惯的背后有着深刻的含义

所有这些因素的整合，使得吸烟这件生活的小事一度成为我生命中一件具有重大心理学象征意义的事情。虽然我没有吸烟成瘾，但在相当长的时间内，每临生活大事的决策时，我都会不多不少吸上三支烟，好像是在完成什么特殊的朝拜礼仪似的。

人有时候就是这么怪。

当然，我记叙此事，不是要鼓励年轻人每临大事也像我当初那样吸上三支烟助兴，那我岂不要被千夫所指了吗？在这里我只是想说明，许多在青少年时期养成的习惯恐非偶然，它们背后可能会有深刻的心理学象征意义。

不信，你也去琢磨琢磨看。

## 相关科学研究 30——习惯是潜意识的操作

心理学家弗洛伊德空前地提出了完整的潜意识理论，他认为人的心理动力中很大一部分是潜意识，就如大海中的冰山。冰山露出水面的一小部分是我们的意识，而更多的是在水面之下，那些我们无法直接看到的前意识与潜意识。在弗洛伊德的人格结构理论中，无意识（潜意识）渗透在本我、自我、超我的人格结构之中，呈现出多向的流动变化状态，时时刻刻起作用。与此同时，另一位心理学家荣格先生也提出了"集体无意识"理论。他认为人类原始的欲望和本能性的东西，经过代代相传印刻在人类基因深处，成为人类大脑的"预装置"。同时，巨大的潜意识世界里激荡着智慧与无限创造的能量。

大脑相关科学研究认为，习惯是由于反复刺激、持久重复的心理操作，使神经元之间逐渐建立起同化的回路而形成的。某一习惯形成后，个体受到特定的信息刺激时，自动地引发相对应的心理状态和行为，而不需要意识参与。如没有较强改变动机或应激事件影响，脑的能量会在神经细胞网络中稳定地、自动化地运作，而无法轻易改道。有一句话说得好："习惯正如一条巨缆，我们每天编结其中的一根，到最后我们难以弄断它。"

岳博士家教百宝箱

著名教育家叶圣陶先生曾说："什么是教育？简单地说就是养成习惯。"

孩子的行为习惯是好还是坏，并不是与生俱来的，也并非一朝一夕形成的。老师和家长有责任也有义务来培养孩子良好的行为习惯。在此，我有以下建议。

### 岳博士家教建议 88：父母要身体力行

任何一种习惯，都是在各种生活情境中渐渐形成并得以强化的。孩子具有较强的模仿天性，家长的行为会耳濡目染地对孩子产生影响，由此家长和老师要起到榜样作用。你希望孩子具有的习惯，自己就要身体力行做示范。

### 岳博士家教建议 89：引导孩子强化良好习惯

在孩子习惯养成的过程中，适当的要求有利于强化习惯的形成。家长要引导他们进行尝试和练习，逐步进行自我塑造，使孩子的行为不断沿着正确的路径发展。同时，在习惯形成过程中，及时而有效的鼓励会激励孩子坚持的决心、行为的强化。

### 岳博士家教建议 90：引导孩子纠正不良行为

当孩子由于种种原因，已经习得了某些不良的习惯，比如抽烟、酗酒等时，家长一方面要引导孩子认识到这种习惯带给自己的害处，另一方面要设定具体的目标，通过成人示范，积极多样化的暗示，逐步消除和替代不良的行为习惯。

精神分析就是要使人们意识到无意识的东西。

——西格蒙德·弗洛伊德

我爱我家篇

# 偷钱招待小朋友也算偷——家长如何引导孩子修正不良行为

　　妈妈没有像小乖、豌豆的家长那样骂我，而是问我为什么不告诉她学校只收一元钱，不告诉他们实情。她说："这实际上是在骗我们，也是撒谎。……"

　　从小到大，父母都教育我要做个诚实的人，并学会与小朋友分享。但10岁时的一次经历，让我彻底明白两者的关系。

　　一次，学校搞活动，动员家长资助。妈妈给了我两元钱，但学校只收一元钱。剩下一元钱怎么办？如果我跟妈妈讲了实情，这一元钱我就不能自作主张了；如果骗她说两元钱都交了，就可以瞒过她，拿它来招待朋友。那一刻我选择了后者，于是就请了院子里的两个小伙伴一同享用。他们一个叫豌豆，一个叫小乖。我们一起去买了冰激凌吃，后来还买了软糖、黄瓜、西红柿、玉米棒子。那天我们好开心，因为从来没有这么爽地花钱。

　　这一次，我的钱就用光了。于是我们三人合计，在家里找零钱，找到了就共享。我在家里找零钱，来来去去只找到了五毛钱，拿来上缴。小乖回家找零钱没找到，但他会动脑筋，找到了可转化钱的废物，如旧报纸、废牙膏盒、厨房的旧炊具等，拿去卖钱，很快也凑足了一元多钱上缴。豌豆有胆量，直接从家长的钱包里取钱，最多的一次取了五元钱。我还清晰地记得，一天他把我们两个叫到了一边，神秘地从书包里小心翼翼地拿出一块手帕，里面藏了五元钱钞票。我俩看了都不禁高呼，五元钱啊！

公款多了，放哪里就是个问题。原来钱是放在我这里的，因为都是我的钱。现在"公款"不止我一个人的。于是豌豆提出，谁的钱出得多，钱就放在谁那里，结果钱都放到豌豆那里了，因为他出资最多。可每次找豌豆花钱很麻烦，不是家里有事，就是钱不在身上。渐渐地，小乖对豌豆产生了不信任，劝我不要再和他一起玩，并把钱要回来。我总是告诉小乖，豌豆在我们三人中出钱最多，集资不能没有他。再后来，小乖又提出，可否把他的那份钱取出来。对此，我还是劝他以大局为重，不要因小失大。

没几天，小乖将他的苦恼告诉了老博干。老博干力劝小乖直接去找豌豆讨钱。小乖来找我，要我也参与他的"撤资"行动。我虽然同情小乖的处境，却不认同他的想法，因为我预感到，讨钱会引发不可预测的后果。但我无力阻止小乖的冲动，就随他一同去了豌豆家。那天，豌豆与家长正准备出门，说是要去冰激凌店吃冰糕，然后去新华书店买书。当小乖吞吞吐吐地说出了自己的诉求后，豌豆妈妈的脸色立刻变得铁青，厉声问儿子有无此事。豌豆没有直接回答妈妈的问题，却满眼嗔火地望着我。见此，豌豆妈对我们说："你们先回家去，等我了解完情况再说。"从豌豆家出来，我就怪小乖把事情弄成这个样子。我心里十分忐忑不安，小乖也害怕了，老博干却在旁边说，不这么闹一下，怎么能把钱要回来。

果不出我所料，当晚豌豆就随着家长来到我家，简单交流了情况后，又把小乖的家长也叫来了。三家家长开了一个联席会议，各自批评自家孩子的错误行为。先是小乖爸爸讲话，他一直在纳闷，怎么家里平时积累的旧报纸、废牙膏盒，还有不常用的炊具，全都找不到了。现在才得知，那些东西全被儿子偷偷地卖掉了！我还记得小乖爸爸骂他的话："小乖啊，你怎么变得一点都不乖了呢?!"

接着是豌豆的家长批评他。豌豆虽然认了错，却坚称自己偷拿钱是受了我的影响。我观察到，当他这么说时，他的妈妈一直在点头。但他爸爸则不断地追问："你是怎么从我们的钱包里偷钱的？"这时，我妈妈插嘴说："现在我们的讨论焦点不是孩子怎样相互影响的，而是要启发他们怎样从中吸取教训，今后不犯同样的错误。"

下面轮到我的家长批评我了。妈妈没有像小乖、豌豆的家长那样骂自家孩子，而是问我为什么不告诉她学校只收一元钱，不告诉他们实情。她说："这实际上是在骗我们，也是撒谎。你还擅自拿大人的钱自己花，你觉得这样做对吗？"我辩解说："我没有撒谎，拿了钱我也没有自己一个人花，而是请小朋友一起花，这也是受了你们多年的教诲，就是有福共享。"妈妈又指出："是的，我们是曾教育你要有福共享，学会与小朋友分享。但我们没有教你去拿大人的钱，买没有征得家长同意的东西。而现在，你不但从我们这里拿走了不属于你的钱，还影响到别人跟着你做一样的事情。你说说，你这是有福同享吗？"

我想了想又说："我没有偷你们的钱，只是用了你们给我剩下来的钱，这不算偷。"妈妈回答："是，你没有直接偷拿我们的钱，但你拿了钱不告诉家长私自去花，无论是一个人花，还是请小朋友一起花，这实际上就等于在偷用家长的钱。更重要的是，你的行为带动了小乖和豌豆去偷用家里的钱，这是给他们两个树立了一个坏榜样，使得你们各自偷拿家里的钱！"

我喃喃地回答："我没有想那么多，我只是想，只要拿爸妈的钱招待小朋友，就不算偷。""那现在呢？"妈妈问我。"现在我明白了，偷钱招待小朋友也算偷。"我回答。

此后，我再也没偷拿过家里的钱去招待小朋友。

## 心理分析——科尔伯格的道德发展阶段

对那些认为遗传决定性格、决定命运的学者来说，一个孩子诚实与否、行为是否出格，都是家长给的，环境和后天的教育很难对他产生作用，即孩子天生诚实，不做越轨之事，家长必须保持他的这种本性；有些学者则认为孩子天生不诚实，行为不遵守规则，家长也无法把他纠正过来。而现代大脑科学和心理学的研究以及大量的现实案例都表明：不仅一个人智力的发育与后天的培养相关，而且个体性格的形成与社会性的发展，例如价值观的确立、是非的判断、行为是否适应社会的主流要求等，也与后天的教养环境、学校教育氛围，以及更广泛意义上的社会、文化、经济状况密切相关。

美国儿童发展心理学家劳伦斯·科尔伯格运用"道德两难故事法"对儿童的道德判断问题进行了大量的追踪研究和跨文化研究，扩展了皮亚杰的理论，对儿童道德判断的研究更加具体、精细和系统，并提出了"道德发展阶段理论"，认为儿童的道德判断是按3个水平、6个阶段向前发展的。

其中习俗水平（小学中年级以上）这一阶段的儿童的特点是：一方面能了解、认识社会行为规范，意识到人的行为要符合社会舆论的希望和规范的要求，并遵守、执行这些规范；另一方面，此阶段的儿童对道德行为的评价标准也时常会以人际关系的和谐为导向，通过衡量自己的某一行为是否被人喜欢、是否对别人有帮助、是否会受到赞扬来指导自己的行为。

后来，我学了心理学，对这段往事也进行了梳理和反思，更好地认识到了当初我做这件事的心理状态。正如科尔伯格所言，人的社会性在发展过程当中，每一阶段都有各自的特点，人是循序渐进发展成熟的。在上面的故事中，我不仅自作主张把钱留下，并和伙伴分享，还号召伙伴们共同筹钱建立"公共基金"，就是我为了能够获得伙伴们的认同和喜欢，以增强凝聚力，因为我当时正处于这样的发展阶段。

## 成长启示——如何正确引导孩子认识错误自觉改正

俗语说"十年树木，百年树人"，在孩子的成长过程中，当孩子做了所谓的错事，家长是一棍子打死，还是引导孩子进行合情合理的反思，去重新体验事情的经过，深入思考自己的言行给自己和他人带来的影响，是家庭教育非常重要的核心所在。

在上面的故事中，妈妈对于我隐瞒真相、擅自拿钱的行为并没有像其他家长那样厉声责骂，而是问我为什么不告诉她实情。当我为自己的行为辩解的时候，妈妈还是耐心地引导我对事情重新进行审视，直到我真正从这件事情上感悟到自己的过失。

青少年在成长中，在特定境遇中的撒谎和偷拿行为是常见的。因为孩子的一次过失就给其贴上坏孩子的标签，对他的行为进行绝对化的评价和打骂，家长以为这会让孩子记住教训，改正行为，但结果往往适得其反。孩子可能会迫于权威压制以及对痛苦体验的躲避暂时收敛，而如果孩子没有真正地反思错误的原因，理解事件对自己和他人带来的后果，他是不能从错误中吸取教训、获得成长的。家长们，你们是否认同呢？

## 相关科学研究 31——说谎是孩子心智发展的必经阶段

尽管家长都不喜欢撒谎的孩子，但是几乎每个孩子都会撒谎，不管出于什么样的动机。研究发现，撒谎这一现象与脑的发育、心智理论发展到一定程度密切相关。心智理论是指个体理解自己与他人的心理状态，包括情绪意图、期望、思考和信念等，并借此信息预测和解释他人行为的一种能力。许多学者用各种各样的"诱惑范式"去测试儿童。他们的研究结论颠覆了一系列的传统假设。

他们发现，孩子学会说谎的时间比我们想象的更早。在塔尔瓦的"偷看游戏"中，3岁小孩中只有1/3会偷看，被问有没有偷看时，大部分都会承认。4岁孩子却有超过80%会偷看，而当被问有没有偷看时，超过80%的孩子会说谎。到4岁时，几乎所有孩子都开始说谎，有哥哥姐姐的孩子说谎比其他孩子更早。

孩子向家长说谎，大多都是为了掩盖错误。孩子先是做了他认为不该做的事，于是，为了免受惩罚，他就不承认自己做过。这种否认太常见，家长通常要么不当回事，要么严加追究，强迫孩子承认。研究表明，只有不到11%的家长会有的放矢地利用孩子可以接受的方式解读谎言，并循循善诱教育孩子不要说谎。

岳博士家教百宝箱

孩子撒谎的动机很多，比如为了避开责备、讨好别人，为了显示自己的能耐等。也有的是无意识的，特别是在年幼孩子的大脑中，一些现实情境与幻想起初是难以分辨的。家长和老师在遇到孩子撒谎的情况时，可以采取以下措施。

### 岳博士家教建议 91：引导孩子勇于承认错误

家长针对孩子的欺骗行为，要避免粗暴处理，而应把孩子的欺骗行为与孩子的向善欲望分开，耐心启发孩子说出实情，勇于承认错误。

### 岳博士家教建议 92：引导孩子勇于改正错误

针对孩子的欺骗行为，家长要鼓励其悔改欲望，肯定其悔改行动，让孩子充分认识到其撒谎行为所带来的种种影响，努力加以避免。

### 岳博士家教建议 93：家长等要言传身教

家长和老师要起到表率作用，敢于在孩子面前承认错误，培养孩子诚实和有担当的品质。

不要说有害于人的谎话，要表里一致。

——本杰明·富兰克林（美国著名政治家）

# 有个弟兄真是好——如何引导孩子接受弟弟妹妹的到来

*弟弟这么一说，令我感动万分，平时积下的那些怨气全都烟消云散了。事过之后，我心里就一个念头：有个弟弟真是好！*

5岁多的时候，妈妈有一天告诉我："你会有一个弟弟啦。"我听了很高兴，因为我一直羡慕那些有兄弟姐妹的家庭，他们白天可以一起去上学，放学后可以一起玩。现在也会有人陪我玩了，我太期盼了。

弟弟出生的那天，学校派了一辆小轿车来接妈妈去医院，我也跟着去了。这是我第一次乘坐小轿车，感觉好威风。妈妈带弟弟出院的时候，为了表现喜庆，爸爸找来了一辆农村结婚用的华丽马车，坐上去像坐轿子一样。这也是我第一次坐马车，兴奋不已。在回家的路上，我看着弟弟红通通的小脸，想着就要有个玩伴了，开心极了。

可随着弟弟的不断长大，我对他越来越爱怨交织。爱的是，他长得胖乎乎的，很好玩，也很讨人喜欢；怨的是，爸妈越来越把注意力放在他身上，不断给他买玩具、新衣服，这让我很不爽。而更不爽的是，有时候妈妈还要我帮着带弟弟，而他见着我，总是爱哭，半天都哄不住，让我烦透了。我越来越感觉，弟弟的出现给我带来的烦恼大于快乐。

一次，妈妈答应带我去参加一个活动，临出门时弟弟也闹着要去。妈妈后来决定带他去，还告诉我，作为哥哥，我应该懂得让着弟弟。这个变动让我纠结了好久，感觉弟弟的出现剥夺了许多原本属于我的权利。我尤其不能理解的是：凭什么哥哥总是要让着弟弟，凭什么弟弟就不能让着哥哥?！特别是妈妈讲了好多遍《孔融让梨》的故事，我怎么从来没有见过弟弟让过任何东西给我?！我是哥哥，他是弟弟，为什么爸妈不能在我们之间也讲讲先来后到呢?！

还有一次，爸妈交代我在上学前拖地板。我刚刚拖完了地板，弟弟就在房间里跑来跑去，弄得满地都是他的鞋印。我十分恼怒，就用拖把将他打翻在地，搞得他号啕大哭。爸妈下班回来，弟弟就去告状，说我欺负了他。爸爸严厉地问我为什么欺负弟弟。我回答说是他不听我的话，将我刚拖干净的地板给弄脏了，所以我才打了他。爸爸严厉批评我，无论什么理由都不应该打弟弟，要我去向他道歉。我说道歉也应该是他先向我道歉，因为他明知我拖地不容易，还故意弄脏地板，所以我是不会先道歉的。我的强硬态度惹恼了爸爸，他过来狠狠地骂了我几句。我大声回嘴："你们这样不公平，你们这样不公平！"并从家里跑了出去。妈妈追了上来，安慰我半天，告诉我："我知道你当哥哥不容易，也想做好家务事，只是有什么事要好好说，弟弟还小，很多事他不懂，做了才知道，你要多理解……"

这件事也让我纠结了好久。一方面，我也为自己那天失控打了弟弟而感到愧疚，毕竟弟弟小我 6 岁，我再怎么生气也不应该对他动粗。另一方面，我仍感觉爸妈在我们兄弟之间态度不公，要求我总是严于弟弟。所以我的怨气也是针对爸妈，认为他们总是以弟弟小、哥哥大来要挟我，好像我当哥哥的，就要永远受这窝囊气。早知道如此，还不如让我做弟弟，让弟弟做哥哥，也让他体验一下这些年来我受过的委屈。

随着年龄的不断增长，我们生活中的冲突越来越少，默契则越来越多。一次，妈妈让弟弟通知我做一件重要的事情，结果我忘了做，回家看到弟弟时才想了起来，顿时不知所措。看着我着急的样子，弟弟对我说："你别着急，一会儿我跟妈说，是我忘了提醒你，这样妈就不会那么怪你了。"弟弟这么一说，令我感动万分，平时积下的那些怨气全都烟消云散了。事过之后，我心里就一个念头：有个弟弟真是好！

还有一次，我骑自行车撞了车，把那个人的轮胎撞坏了。他揪住我不放，一定要我赔钱给他修轮胎。我身上没钱，又无法找到家长。就在我急得直跺脚的时候，弟弟经过这里。得知了我的窘境后，他立即回家把他平时存钱用的钱罐子拿来，里面都是一分、两分和五分的硬币，摊在地上一个一个地数，居然数出了两块多钱交给那人，这才化解了我的危机。之后我问弟弟怎么存了这么多钱，弟弟说这都是平时爸妈给他买零食省下来的钱，今天派上了大用场。我当时感动得不知说什么好，使劲儿地握着他的手。在我记忆中，这是我第一次行握手礼来感谢他。

当然，我也帮助过弟弟。一次，他与院里的一个小朋友闹矛盾，相互动了手，那个孩子吃了亏回家哭诉，他爸爸为此来我家投诉，正好我一个人在家。我听了那个爸爸的话，感觉他实在是小题大做，又不便驳回，毕竟他是个长辈。所以当那个爸爸一脸怒气地望着弟弟，质问弟弟为什么欺负他儿子时，我在一旁满脸堆笑地望着弟弟，暗示他不要紧张，有话慢慢说。事后，弟弟对我说，那天我的态度让他深深地感到，有个哥哥真是好！

其实，我还是弟弟的英语启蒙老师。当年我办的那个英语补习班，专门教授那些对英语感兴趣的小孩子，一共有 8 个孩子，其中就有弟弟。在班上，他虽然不是学习最好的一个，却是上课纪律最好的一个。除此之外，我平时与朋友交往，常常带着弟弟一起参加。对我来说，这只是顺便的事，没有什么了不起。但对弟弟来讲，这却给了他极大的鼓励，让他从小就超越了同龄人，与比自己大五六岁的人一起思考人生。慢慢地，我的小学、中学甚至大学的同窗好友，大都成了弟弟的好友。一直到现在，我还经常把我们的交往活动的情况告诉弟弟，每次他都听得津津有味。而弟弟每次回家乡，看望的朋友也大多是我当年的朋友。

再后来，我们都来到了北京，我读大学，他读高中。每隔几个周末，我们就合计着去北京的某个旅游景点转转。就这样，故宫、北海、中山公园、颐和园、圆明园、潭柘寺、恭王府、醇亲王府、香山、八大处等地方都留下了我们的足迹，有些地方我们还去了不止一次。在这当中，弟弟随着我成了历史发烧友，我们常常是一边看，一边品，我说一段，他说一段，每次旅游都是兴趣盎然，流连忘返。有时候，我们还作个诗词，彼此来个唱和跟帖。直到现在，我到全国各地的旅游景点参观时，都会情不自禁地想起弟弟，想着他在现场该有多好啊。

有个兄弟真是好，这是我们两兄弟后来的共同心声。而对于家长，我也是在长大了之后，才完全明白了他们当初要求我做个好哥哥有多重要。

## 心理分析——良好交流的积极效应

在家庭环境中，兄弟姐妹是彼此重要的社会交往伙伴。在个体的发展中，兄弟姐妹会产生什么积极作用？具体地说，第一，积极的情感支持是最为重要的，在危难时刻，兄弟姐妹之间往往能表现出相互信任，并相互保护。具有这种行为的兄弟姐妹大多行为问题就会比较少，成长过程当中会获得较为顺利的发展。第二，哥哥姐姐对弟弟妹妹常表现出很大的忍让性，在更多能胜任的事情中充当着重要的榜样，年幼的孩子往往会习得哥哥姐姐的某些行为与技能。第三，具有良好关系的兄弟姐妹，更能够发挥共情和换位思考的能力。

## 成长启示——有个兄弟真是好

在我与弟弟相依相处、共同成长的过程中，兄弟之间的相互支持和相互安慰，切切实实地促进了我们兄弟俩的成长，使得亲密的情感更加紧密。在上述故事中，弟弟看到我把别人的自行车撞坏了，立即拿出自己平时攒下的零花钱帮我化解危机。同样，我也在弟弟被质问时，给予了弟弟信任和支持。

在后来的成长过程中，我办补习班教弟弟英语，到北京后我们周末游玩等，我和弟弟之间的情感越发紧密。作为哥哥，我也意识到要更多地爱护弟弟、帮助弟弟。从弟弟到来时的嫉妒和抱怨，升华为相互的体贴，分享快乐，分担苦恼，这也是儿童青少年心理成长的标志。拥有共同的朋友更是我们兄弟成长经历中的特别情结，对我们来说都是人生中非常宝贵的财富。有个兄弟真是好，这是我们兄弟俩的心声。

## 相关科学研究 32——依恋促进健康成长

斯图尔特（Stewart）在美国的一项研究显示，哥哥姐姐在陌生的环境中能够扮演被依恋的角色。斯图尔特选取了 54 个家庭，对哥哥或姐姐（年龄在 30~58 个月）被单独留下来和婴儿（年龄在 10~20 个月）在一起的某一时刻进行观察。每个婴儿对母亲的离开都表现出某种程度的伤心。在母亲离开 10 秒钟内，28 个大孩子会表现出一些照看行为，例如靠近或抱抱婴儿，说一些母亲就要回来的安慰话，或者把婴儿带到屋子中间，用玩具分散他的注意力。这些活动都非常有效。而另外 26 个大孩子却不理睬，或者是躲开婴儿，没有表现出照看行为。事实上，这种同胞关系性质的显著不同在对同胞兄弟姐妹的研究中是常见的现象。

同胞手足间在儿童期以后还会继续互相影响。邓恩等人发现，在青少年初期，那些和不友好的、怀有敌意的兄弟姐妹一起成长的人，更可能焦虑、消沉或具有攻击性。这些研究都发现，孩子间正性的关系可以促进情感的建立，而负性的关系会影响身心健康。所以，家长需要引导兄弟姐妹之间相互理解，营造相互宽容的氛围以促进孩子健康成长。

> 岳博士家教百宝箱

一个家庭随着二胎的降生，家长会自然减少对较大孩子的关注。对此，大孩子可能会变得脾气急躁和哭闹。对此，我有下面的建议。

### 岳博士家教建议 94：引导孩子期待弟弟妹妹的降生

家长要教育好大孩子期待弟弟妹妹的到来，做足心理准备。这可以通过讲故事、玩游戏、看卡通片来完成。关键是让大孩子从一开始就进入哥哥姐姐的角色。

## 岳博士家教建议 95：引导孩子帮助弟弟妹妹成长

弟弟妹妹出生后，家长要鼓励大孩子关注弟弟妹妹的成长，分担家长的照顾责任，以增进对弟弟妹妹的责任感，并从中获得被需要、被肯定的满足感。

## 岳博士家教建议 96：引导孩子给弟弟妹妹树立好榜样

家长还要不断教育大孩子在弟弟妹妹面前树立好榜样。无论是在生活上，还是在学习上，大孩子都是弟弟妹妹的模仿对象。家长要随时肯定大孩子的优秀行为，提醒其错误行为，让大孩子成为家教的好帮手。

与君世世为兄弟，更结来生未了因。

——苏轼（北宋文学家、书法家）

# 甘心为兴趣吃苦头——如何通过兴趣培养孩子的意志

> 后来我问爸爸："当初弟弟说要停止练琴，你曾坚决反对，怎么现在这么痛快地就答应了呢？"爸爸告诉我："当初反对他停止练琴，是为了培养他迎难而上的毅力和能力；后来允许他停止练琴，是为了培养他遇事的独立决断能力。"

我的兴趣一早就有了落实，就是学英语。但弟弟的兴趣在哪里，却一直没有落实。直到弟弟 10 岁的某一天，爸爸兴致勃勃地从乐器店里买回一把儿童式小提琴，说是要培养弟弟拉小提琴。弟弟一下子就迷上了这个玩具。

为了激励弟弟学好小提琴，爸爸做了两件事情：一是从床底的旧箱子里找出了他当年用过的小提琴，每天陪弟弟一同练琴；二是想方设法找到了内蒙古师范学院（现内蒙古师范大学）音乐系的陈老师教弟弟拉琴。陈老师是印尼华侨，20 世纪 60 年代归国，当时是远近闻名的老师。我还清晰地记得那天去他家里拜师，爸爸让弟弟拉了几下小提琴，陈老师指导了几个动作就决定收他做徒弟。我在旁边看得兴起，就问陈老师可否也收我做徒弟。陈老师让我试拉了几下琴后摇摇头说："你现在学习小提琴太晚了，你弟弟的年纪正合适。"

就这样，弟弟从此过上了每周上琴课、每日练琴忙的日子。没过多久，弟弟就对拉琴失去了兴趣，不断地提出要停止练琴。但爸爸总是教育他说："练琴，不仅是在练才艺，也是在练意志。"一天，弟弟让我去求爸爸不要让他练琴了。我就去问爸爸："这样让弟弟练琴有什么好？"爸爸告诉我："你不要小看了弟弟每天这几个小时的苦练。它有三大好处，一来它培养了你弟弟的专注力，做事就要全力以赴地投入，不能有松弛；二来它训练了你弟弟的意志力，做事就要坚持不懈地做到底，不能动辄想放弃；三来它提高了你弟弟的智力，他从小就能识乐谱，将来思考、记忆就比别人来得快。"

我回头告诉了弟弟爸爸让他练琴的三大理由，弟弟不假思索地问我："那为什么别人家的孩子不需要练小提琴呢？他们下了课都可以玩，为什么我下了课还要继续上课呢？为什么我不可以像别人家的孩子那样，下了课也去玩呢？为什么爸爸不让我做我想做的事情呢？"我无言以对，怔了一下，问弟弟想做什么呢。弟弟想了想说："我最想做的事是滑冰，就像邻居家的苏力①那样，每次看他滑冰的样子，我特钦佩他，我也想跟他一起去滑冰。"

我把弟弟的想法告诉了爸爸。爸爸问弟弟："你真的那么想滑冰吗？"弟弟说是啊，还特别强调他想跟着苏力一起练速滑。爸爸当天晚上就带着弟弟来到苏力家，问苏力的家长可否让苏力带着弟弟一起练滑冰。苏力见

---

① 苏力也是院子里的一个孩子，比弟弟大两岁，曾参加过呼和浩特市少年速滑队的训练，并拿过奖牌。

弟弟对滑冰这么有兴趣，就答应与他的教练说说，看看能否让弟弟参加他们的速滑训练。过了几天，苏力来到我们家，说教练同意了，但条件是必须坚持训练，不能半途而废。弟弟听了十分高兴，说他一定会坚持训练的。弟弟后来也确实做到了这一点。

因时为秋天，所以爸妈先给弟弟买了一双旱冰鞋做训练，弟弟练速滑从来不说累的。第一次练速滑，妈妈去观看，数了弟弟摔跤的次数，在一个半小时的训练中共摔了 51 次，他却不言放弃。到了冬天，爸妈又给弟弟买了一双速滑用的冰鞋，弟弟滑起来有模有样的，很有美感，他也乐在其中。看着弟弟既练提琴，又练速滑，还有专业教练指导，我是既羡慕，又嫉妒。一天，我与爸妈提起此事，说起我当初对绘画很有兴趣，却没有找个专业教师指导一下，不然我今天就成了一个画家了。

爸爸给我讲了一段他的往事：他上小学时，一次联欢会上有个同学拉小提琴表演节目，大家听得如痴如醉。爸爸也想学小提琴，可爷爷告诉他，兵荒马乱的，能有学上就是万幸了。爸爸暗自下决心，将来有能力，一定学拉小提琴。不想这一等就是 10 多年，爸爸大学毕业后终于有条件学拉小提琴了，就拜一位德国老师学拉琴，每次上课虽很辛苦，却从不缺课。末了爸爸还跟我强调，大可不必计较当初怎么错过了学习机会，而是争取以后不要再错过学习机会，无论是学绘画，还是学拉琴。

一天，我与爸爸谈起兴趣的作用，就问爸爸："弟弟对滑冰很有兴趣，对小提琴则兴趣不大，这该怎么算呢？"爸爸想了想回答说："孩子的兴趣是可以引导的，而且可以有额外的收获。比如说，我让你弟弟学小提琴其实是为了培养他的毅力和智力，虽然他现在不懂，将来他一定会感谢我今天的用心良苦；我鼓励你弟弟学滑冰，也是为了培养他的体力和耐力。

而且这是他自己的请求，他更要学会为自己的诺言而付出努力。"我明白了，爸爸原来是想借兴趣的力量来培养良好的品格。爸爸经常挂在嘴边的一句话是："什么是'为伊消得人憔悴'？就是甘心为兴趣吃苦头嘛！"

上了初中后，弟弟的功课日渐紧张，就提出中止练琴，以确保学习的时间。爸爸听从了弟弟的意见，只是鼓励他自己做决定。上了高中后，弟弟又提出中止速滑训练，爸爸还是提醒弟弟想清楚了再决定。弟弟说他想清楚了，就这么决定了。后来我问爸爸："当初弟弟说要停止练琴，你曾坚决反对，怎么现在这么痛快地就答应了呢？"爸爸告诉我："当初反对他停止练琴，是为了培养他迎难而上的毅力和能力；后来允许他停止练琴，是为了培养他遇事的独立决断能力。"顿了一下，爸爸接着说，"而现在，他的年龄越大，我就越要学会放权。不然，他就永远长不大了。"看着我尚存困惑的样子，爸爸说，"等你将来做了父亲，你就会明白的。"

现在，我更加明白了。

## 心理分析——家庭教养的四种模式

家庭是孩子的第一所学校，在这所特殊的学校里，"为人家长"和"为人之师"的双重责任，落在每一位家长身上。

从这种意义上讲，家长是一种职业，而"职业"意味着，家长不能仅仅用本能的爱去教养孩子，而必须不断地学习提高，来适应孩子日益发展的身心需求。

心理学根据家长对孩子的目标要求性和过程反应性两个维度，通常将家庭教养方式分为四种。我们分析总结了四种教养方式的主要特征，如下：

第一，民主权威型：它是一种对孩子既具有适当要求及调控性，但又不失积极反应的教养方式。家长提出与孩子的需求及能力相一致的合理要求，并说明要求其努力或遵守的原因。同时，更多地进行亲子间的双向交流，接纳孩子的情绪与观点并做出积极的反应，在目标达成的过程中给予最大的帮助，并合理地修正任务目标。

第二，严厉专制型：它是一种要求高、限制性强，但缺少对孩子的接纳与积极反应的教养方式。通常家长会提出很多规则与目标，要求孩子服从，且不向孩子解释其必要性，而是依靠惩罚和强制性策略，如命令、苛求、禁止、威吓等手段迫使孩子服从。

第三，放任溺爱型：这是一种一味强调接纳与反应，却较少提出要求的教养方式。这种类型的家长较少对孩子提出要求，允许孩子自由地表达自己的感受和冲动，很少对孩子的不当行为做出坚决而合理的调控。家长对孩子溺爱的行为，主要表现在两个方面：一是过分迁就，满足孩子的所有要求；二是过分保护，总认为孩子幼小无知，对孩子的生活样样包办代替。

第四，忽视冷漠型：这是一种对孩子采取基本放任，没有什么要求，而且对孩子的反应冷漠的教养方式。这种类型的家长通常过度关注自己，主要围绕自己的需要和兴趣来建设家庭，总是拒绝孩子的要求，对孩子投入较少的时间和精力。孩子与家长之间只是抚养与被抚养的关系。

## 成长启示——民主权威型家教促进孩子健康发展

在民主权威型家庭中，家长的榜样作用较强，孩子的独立性得以良好发展。家长与子女在认识上、情感上、行为上协调性较高，子女的主动意识与创造性发展良好，社会责任感强，意志比较坚定，而又不失灵活性。

家长或教师一方面能够与孩子积极交流，共同提出与孩子的发展需求及当下能力相一致的合理要求；另一方面，在任务完成过程中，能够进行具体有效的反馈、激励和调整。

在弟弟的兴趣选择上，我的爸爸充分利用了这一方式。爸爸借兴趣的力量来培养弟弟良好的品格，让弟弟学小提琴以培养他的毅力和智力，鼓励弟弟学滑冰以培养他的体力和耐力；而且引导和尊重弟弟的请求，让弟弟学会了为自己的言行付出努力，并承担责任。

## 相关科学研究 33——情境中的动力学研究

1939 年，美国的一批研究人员在库尔特·勒温带领下，以动力学方法来研究情境中的人，比如领导者是如何直接影响他们的跟随者，以及群体是如何改变个体行为的，等等。他们的研究与以实验室老鼠为对象的传统心理学大相径庭，从而成为现代社会心理学的开端。

其中一个实验是通过情境中的活动来评估不同的领导风格对个体的影响。他们组织了三组男孩在放学后一起活动，每组都有一个领导，三个领导分别演绎三种不同类型的领导风格。扮演专制型领导的，替小组做决定并命令孩子；扮演自由放任的领导的，允许完全的自由，几乎不给予任何指导；他们扮演民主的领导的，有适当的要求，积极鼓励并且协助群体做决定。在每个为期六周的活动结束时，领导人会换到其他组，每组的男孩都会接触到三种不同风格的领导。

研究发现专制型领导带领下的孩子，在领导在场的情况下，表现出更多的服从，工作认真勤快；但当领导离开时，有的就随意玩乐，有的躺下不干了。伙伴之间也表现出更多的敌意和攻击等行为。当孩子们经历的是自由放任的领导风格时，这些孩子相对于其他两组孩子来说，完成的工作最少，完成的质量最差。没有指导、彻底的自由，导致了混乱。

但当小组是以民主方式来运行时，成员们表现出了最高水平的灵活性和创造性，小组内有更多的相互赞赏以及玩笑嬉闹，而且领导在与不在没有表现出差异。

对研究团队来说，这样的结果令人欣慰。在当时的欧洲，专制被认为是成功的。然而实验结果却表明：民主的领导方式最为有效。

此后，世界各国就各种情境，如家庭情境、学校情境以及伙伴团体中领导风格对群体成员的影响，进行了众多的长期研究，其结果都表明："民主权威型"是最为可取的一种教育与管理模型，对儿童和青少年的成长最为有益。

大脑科学研究也表明，当孩子处在这样的教育与教学情境中时，其脑所需求的情感安全性与任务的挑战性能达到适度的平衡，从而自然地促进孩子神经系统的发育：包括脑的重量、脑的物理形态、脑的运转速度、脑调集资源的能力、神经化学水平等方面。在这种情境中，家长与子女或者教师与学生，他们在认知、情感、行为上协调性较高，教育的正向功效也会显著呈现。

无论是科学研究还是在生活中，我们都可以看出家庭、学校对孩子身体、学业、情绪、人际交往、价值观等方方面面持久的影响，而这些方面往往决定了一个人是否幸福、是否成功。

岳博士家教百宝箱

在家庭教育中，我们要积极倡导民主权威型的教养风格，营造良好的家庭氛围，提升孩子学业与生活的自主性、责任感，促进孩子社会性的发展。在此，我有以下几点建议。

### 岳博士家教建议 97：引导孩子合理发展志趣

家长要在与孩子交流中发现孩子的志趣，与孩子共同商定发展目标，分步实施，并进行有效的监控。在这当中，家长要避免因对孩子期望过高而扼杀了其志趣，也要避免因对孩子过分满足而放纵了其意愿。

### 岳博士家教建议 98：引导孩子有效反馈意愿

家长面对孩子的志趣困境与挫折，要以真诚的态度、开放的思考，与孩子交流思想，寻找出路。在这当中，家长要多提问题，少做指责；多了解孩子的情绪反应，少下达强迫的指令，最终引导孩子有效地反馈意愿。

### 岳博士家教建议 99：发现孩子志趣里的多元智能 [①]

家长要顺应孩子成长的规律，把握好孩子心智发展的关键期，在孩子的志趣追逐中丰富孩子的生活，激发孩子的潜能。

兴趣是最好的老师。

——阿尔伯特·爱因斯坦

---

① 哈佛大学教授霍华德·加德纳（Howard Gardner）基于对大脑的系统研究，提出了多元智能理论。他认为每个孩子都有独特的潜能，发现并培养孩子的多元智能是教育的核心所在。多元智能包括：语言交流智能、音乐表达智能、数理逻辑智能、视觉空间智能、身体动觉智能、人际交往智能、自我认识智能、自然观察智能。

# 家有"三机"好处多——如何培养孩子的主动性

回想在当年物资匮乏的年代，爸妈省吃俭用，买下了照相机、幻灯机和电唱机。这在当时都被视作奢侈品，是一般家庭不会享用的。但有了这"三机"，不仅我们家的生活被赋予了很大的情趣，就连我个人的自信和人生追求也都因此有了极大的提高。

物资匮乏的年代，一般人家里除了收音机、缝纫机、自行车外，就没有什么其他值钱的物件了。我们家除了有上述三件物件外，还有三件特殊的物件——照相机、幻灯机、电唱机，它们不但给我们的生活增添了不少的乐趣，也深深地影响了我的人生。

自打有了记忆，我就记得家里有照相机，刚开始有135相机①，后来又有了120德国相机②。家有照相机，就增添了生活的乐趣和情趣。每次家庭活动，爸妈都会带上照相机，在各个景点照相留念。不光如此，为了省钱

---

① 135相机，由135型胶卷得名。135型胶卷是一种高度为35毫米的两边打孔的卷状感光胶片，亦称35毫米胶卷。"1"是指有别于可重复使用暗盒的一次性暗盒，135胶卷的完整定义是：采用一次性暗盒的35毫米胶片。

② 同样，120照相机也是因使用120型胶卷而得名的。

和方便，爸妈还自己动手冲洗照片，后来又从一家照相馆买下一台胶卷放大机①，制作放大的照片。所以，我从小就跟着爸妈学会了照片的冲洗和放大技术。长大之后，还替爸妈为别人家照相。

我最初参加照片的冲洗过程，只是出自简单的好奇。后来做得多了，就成了爸妈的得力助手，有时候还能帮助爸妈设计特别的照片效果。回首这段经历，我感觉自己就是在学做物理和化学的实验，即在我正式学习物理和化学之前，接触了物理中的光学原理和化学的药剂作用。这简直就是在培养科学探索精神。而在我的"十万个为什么"提问中，爸妈又帮我懂得了照片制作技术的奇妙。想当年，我曾一度梦想着开设一间属于自己的照相馆，那也是自我就业的一条途径啊！

购置幻灯机，爸妈原来是为了在家里娱乐自享的。一次，学校搞德育活动，说需要家长参与协助，老师问我们有什么建议。我举手告诉老师，我家有台幻灯机，可以带来给同学们放《草原英雄小姐妹》《资本家剥削工人》《红灯记》的幻灯片。老师听了很兴奋，立即让我邀请家长过来参加活动。那天妈妈来放幻灯片，本来只是想在我所在的班内播放，不想其他班的同学得知后也挤了进来。原来打算放一场就走，结果竟放了整整一个下午，年级所有班的同学都看了一遍，还意犹未尽。时隔40多年，我们老同学聚会，还有人津津乐道起这一段。

这样下来，我家的幻灯机放映就成了班级搞活动的保留节目，我也成了学校里的红人。老师见了我点头笑，同学见了问我好，还问我妈什么时候再来学校为大家放幻灯片。这极大增强了我的自信和受欢迎程度，我敦

---

① 在没有数码相机之前，所有的照片都必须由胶卷洗印而成。

促家长购买新的幻灯片，什么《半夜鸡叫》《智取威虎山》等，在学校放。再后来，爸妈鼓励我自己给大家放幻灯片，不需要他们亲自过来了。就这样，我开始试着给低年级的同学放幻灯片，特别是解说词，我模仿妈妈的口气讲给大家听，居然也能让同学们听得如痴如醉的。这下子，我又在学校火了起来，成了低年级同学敬佩的大哥哥，而我的口才也是在那个时候开练的。

回首这段往事，我感到家有幻灯机，实际上培养了我的沟通能力和表述能力。想当初，爸妈购置幻灯机，本来是为了家庭成员娱乐自享的，后来竟成了同学们思想共勉的工具。在这当中，我不仅提升了自信，也锻炼了口才。

购置电唱机，当年则是为了我英语学习之用。

我自打开始学英语，就对它产生了浓厚的兴趣。为了帮助我学好英语，爸妈决定购置一台电唱机。想当年，家里购买电唱机就等同如今家里买高档音响一样，是家政的重大投资。就是我所在的内蒙古师范学院附中，也没有一台电唱机，更不用说英语教学的唱片了。

爸妈为了强化我的英语学习，毅然决然地买来了电唱机，还想方设法托人从国外买来了《灵格风英语》唱片，供我学习之用。当我第一次听唱片时，我问父亲："怎么里面的发音与我们老师的发音不一样呢？"父亲笑了笑说："你学的英语是本地英语，而唱片里讲的英语才是标准的英语。这种纯正的英国腔，我也是很久很久没有听到了，感觉太亲切了。"

有了《灵格风英语》教材，我每天上学都期望着下课回家听唱片，并一课一课地背诵。一次，在学校上英语课，我随便背诵了其中的一段内容，任课的老师听了很好奇，就问我是从哪里学来的，我回答说是从《灵格风英语》上学来的，因为家里有唱片。老师听了更是诧异，就提出要对我做个家访，了解一下这传说中的《灵格风英语》。

他后来果然来了，听了整整两小时的唱片。临走的时候他告诉我，当年学英语时，他的老师就说英国有个《灵格风英语》教材，那才是学英语最字正腔圆的教材，可他一直没有真正见识过。今天得以见识到，真是不枉学、教英语这么多年。末了，老师还问我爸妈是怎么搞到这套唱片的。爸妈说是专门托人从欧洲买来的。他深深地点点头说："难得你们对孩子的教育这么上心，令人敬佩啊！"

当然，除了听《灵格风英语》，我还抽空听音乐唱片。这些唱片都是父亲当年保留的，一晃就过了几十年。其中我最喜欢的一首曲子是《梦幻曲》①，它是德国著名作曲家舒曼创作的。每每在学习困倦之时，听上一遍《梦幻曲》，闭着眼睛想象一下欧美国家的风情，顿感神清气爽，这是对学习的最好调剂。

现在想来，当初学习《灵格风英语》，给我带来的收益绝不只是英语学习本身，它更大的收益在于激励我去追逐自己的人生梦想。而这一切，在很大程度上也得益于家有电唱机。一天，班里一位名叫赵同的同学来访，看我正在听《灵格风英语》，就跟着一起听了一阵子，末了我又邀请他听了《梦幻曲》。听完之后，他感叹说："你的生活太有情趣了！"

回想在当年物资匮乏的年代，爸妈省吃俭用，买下了照相机、幻灯机和电唱机。这在当时都被视作奢侈品，是一般家庭不会享用的。但有了这

---

① 《梦幻曲》是德国作曲家罗伯特·舒曼（Robert Schumann，1810—1856）所作的曲子。《童年情景》之《梦幻曲》，完成于1838年，是舒曼所作13首《童年情景》中的第七首。

"三机"，不仅我们家的生活被赋予了很大的情趣，就连我个人的自信和人生追求也都因此有了极大的提高。

## 心理分析——自我效能感

社会学习理论的创始人阿尔伯特·班杜拉从社会学习的观点出发，在1982年提出了自我效能理论，用以解释在特殊情景下动机产生的原因。具体来说，自我效能感指个体对自己是否有能力完成某一行为所进行的推测与判断。班杜拉对自我效能感的定义是"人们对自身能否利用所拥有的技能去完成某项工作行为的自信程度"。

自我效能对行为的调控主要表现在以下四个方面：

第一，影响人们对行为的选择与行为坚持性。自我效能感高的人，常常倾向于选择适合于自己能力水平又富有挑战性的任务，而自我效能感低的人却恰恰相反。

第二，影响人们的努力程度和对困难的态度。态度是人们对事物所持的一种肯定或否定的心理倾向。作为实施行为的心理准备状态，它支配着人们在实施行为过程中的记忆、判断、思考与选择。具有高度自我效能感的人，多富有自信，勇于面对困难和挑战，相信自己可以通过努力克服困难，因此，会竭力去追寻和实现自己的目标。

第三，影响人们的思维方式和行为效率。研究发现，自我效能感水平高的人能把注意力集中在积极分析问题和解决困难上，知难而上、执着追求，在困难面前常常使得自己的思考与解决问题能力得以超常发挥，表现出优质的行为能力和行为效率。

第四，影响人们的归因方式。归因是个体解释和预测造成他人和自己行为结果的原因。据美国心理学家韦纳（Weiner）的研究，人们通常把成败结果归因于努力、能力、运气和任务难度四大因素。自我效能感高的人，常常把失败归因于自己努力不够；而自我效能感低的人，却往往将失败归因于自己能力不足、天资不够。

## 成长启示——自主行动会强化自我效能感

心理学认为影响自我效能感高低的因素是多元的，例如个人行为成败的经验：成功的经验可以提高个体的自我效能感，而失败的经验则会降低个体的自我效能感。不仅在特定的情境中如此，还可能泛化到其他情境中。还有通过观察他人的行为并进行模仿而获得的经验，也会影响个人自我效能感的高低。上述故事中，我模仿妈妈拍摄和冲洗照片，播放幻灯片并模仿妈妈的声音解说，模仿灵格风英语的发音，这些行为都强化了我对学习各种事物的内在动机，并使这种动机保持在了较高的水平。

另外，个人原有的性格、自控能力与类型、拥有的知识和技能、自尊水平、自信心、意志力、环境、他人的期望与支持等也都可以影响个体的自我效能。一般来说，充满自信与自尊的人以及内控型的人自我效能感水平较高，气氛融洽、环境愉悦可促进个体自我效能的建立与发挥。

## 相关科学研究34——模仿学习实验

前文讲过，班杜拉在"儿童模仿攻击充气娃娃"的实验基础上，提出了社会性模仿学习的理论，班杜拉认为凡是能够成为学习者观察学习的对象，就可以称为榜样或示范者。榜样不一定是活生生的人，也可以是故事中的人、影视片中的人。通过对这些榜样的观察性模仿学习，儿童可以获得更多的知识和技能，与此同时也可以增强自我效能感。

> 岳博士家教百宝箱

大家常说家庭是孩子第一所学校，家长是孩子的第一任老师，这话无论在理论上还是在日常生活中，意义都非常明显。孩子的成长不是百米冲刺，而是马拉松赛跑，家长应起到榜样的作用，并以有效的方法促进孩子自主地行动。

### 岳博士家教建议 100：营造良好的家庭氛围

家长教育孩子，首先要以身作则，给孩子树立一个积极探索、认真负责的榜样。家长还要营造一个具有启发性的家庭学习氛围，在多重的生活情境中，培养孩子的好奇心和积极探索的精神。

### 岳博士家教建议 101：引导孩子启动自我的内驱力

家长养育孩子，总是疲于说教。而孩子能懂得为自己的人生目标拼搏，则是启动了其内驱力。所以，家长要调动孩子的主观能动性，启发孩子去满怀激情地追逐自己的人生梦想。

### 岳博士家教建议 102：引导孩子做自我评估及监督

家长教育孩子，还要注意培养孩子的自我觉察能力，能够理性看待自己在学习上的好坏起落，在情绪上的喜怒哀乐，并能做出适当的调整。孩子一旦学会做自我评估和监督，就会在困难时接纳自我的不足和挫败，不断自我激励。

　　每个人都拥有具有吸收力的心灵，真正的教育会以自然的方式唤醒它、丰富它、完善它。

——玛利亚·蒙台梭利（意大利教育家）

# 妈妈，您听我说——家长如何化解孩子的逆反行为

妈妈为我的不诚实感到很伤心，一口气说出了近来我的许多态度变化，说着说着她声音开始发哽，眼泪也掉了下来。一时间，我们两人都没再说话，彼此心里都很难过。

记得在上中学时，有一段时间，我忽然对妈妈产生了一种莫名其妙的紧张感觉，不愿再跟她讲心里话，甚至有时在街上相遇，我都会有躲避的念头。我知道这是很不应该的想法，可我也说不清这到底是怎么了？我的这些情绪变化也令妈妈感到很纳闷。

一次，我不小心将一个馒头掉在地上，我把它捡起来放进盘子，未将蹭脏的皮剥掉，也没将此事告诉妈妈。一会儿吃饭时，妈妈恰巧拿起那个掉在地上的馒头，正要吃时发现有一块脏皮，就问我是怎么一回事。我支支吾吾地承认是我刚才掉在地上捡起来的。

妈妈为我的不诚实感到很伤心，一口气说出了近来我的许多态度变化，说着说着她声音开始发哽，眼泪也掉了下来。一时间，我们两人都没再说话，彼此心里都很难过。

停了一会儿，我也哭着将自己对妈妈的某些不满讲了出来，主要是嫌她平时对我管得太多，不把我当大孩子看。我原以为这会使妈妈更加生气，不想她竟认真地听了进去，答应以后会多听取我的意见，尊重我的想法。同时，她也要求我像以往那样对她讲实话，讲心里话。

那一刻，我感到自己真的变成了一个大人。

此后，我努力与妈妈讲自己的心里话，而她也尽量对我少做批评，多表理解。渐渐地，我对妈妈不再有那种莫名其妙的紧张感，并知道自己在任何时候都可以跟她讲心里话。就这样，我们的母子关系度过了一段寒冬腊月，迎来一个充满生机的春天。

对于这样一个戏剧性的变化过程，我一直不明白我们之间为什么会出现这样一个情感危机，之后又为什么会不知不觉地消失了。在哈佛大学选修青少年心理学这门课程时，我终于找到了答案——原来青少年时期的亲子关系，需要经过一个痛苦的调整过程。

在此当中，家长要学会逐渐放弃自己的权威，不再简单应付孩子了事，并尽量以平等的态度来与孩子交谈。同时，家长还要多观察孩子的情绪变化，不要因为他们回避自己就对他们贸然斥责或放任自流。

与此同时，孩子也要学会多理解家长唠叨之言背后的良苦用心，不要认为家长总是在压制自己。无论家长讲什么或怎么讲，他们对孩子的爱总是无条件的。所以，孩子与家长之间要多做沟通，尽管这可能是很难做到的事情。

说到底，成人与孩子是生活在两个不同的心理世界当中的，家长要注意别把它们混为一谈。

## 心理分析——倾听孩子的心声

青少年时期的一大痛创是家长和子女不能很好地沟通。家长的话时常变成了最不中听的话，孩子也开始不愿对家长讲心里话了。

由此，家长常常责怪孩子越来越不服管，越来越不懂事，他们好生怀念当初对孩子说一不二的日子。而孩子们则嫌家长越来越不能理解他们，说话越来越啰唆。他们好生渴望长大后自由飞翔的一天。结果，两代人的思想距离越拉越大，对彼此的不满也越积越深。

他们没有认识到，青少年时期的亲子关系需要有一个再兴变化[①]（revitalization）。家长养育一个孩子不知要吃多少苦、担多少忧。孩子小的时候，是家长的心肝儿宝贝，家长叫他做什么他就做什么，不叫他做什么他就不做什么。听话的孩子，养他十个八个都不嫌多。但不知起自何时，孩子突然变得不听话了，千叮咛、万嘱咐的事情，他偏偏忘了做，一再交代不许做的事情，他还是偷着去做了，气得家长七窍生烟。这样的孩子，养他一个都嫌多，活受罪。

这恐怕是每个家长的体验，其本质上是因为孩子在这一时期内需要有一个精神断乳的过程。

对此，家长却总是恋恋不舍，放心不下，他们心目中的孩子还是小时候的乖样儿，真舍不得他长大。他们不习惯孩子不再听自己的话，他们更不能忍受孩子背着自己去做大人再三反对的事情；同时他们又希望孩子赶紧长大，早点儿独立，那样自己就可以省心了。可他们越是这么想，孩子

---

① 再兴变化，这里指在青少年时期，家长和子女都要重新界定自己的角色，增强彼此之间的沟通与理解，以重塑亲子关系。

就长得越慢。有时深夜来到孩子床边，望着他熟睡的样子，家长的心里真说不出是什么滋味。

可他们没有意识到，要孩子精神断乳，需要多给他们自由思考和活动的空间，以培养他们的自主能力。如果家长不给孩子这样的练习机会，他们的翅膀就硬不起来，永远也飞不出家长的窝。

所以，面对子女的逆反挑战，家长要勇于放下权威，竭力与他们交流思想，听取他们的意见，理解他们的情绪，给他们自主决策的机会。这样，孩子就不再视与家长谈话为难事，也会继续对他们讲自己的心里话。渐渐地，那条横在家长与子女之间的代沟便会缩小，双方不再需要大声喊叫才能听清对方在讲什么。

这，便是亲子关系的再兴变化。

当然，家长与子女的沟通往往是十分不易的，彼此都可能抱有许多成见与偏见，那都不是一时半刻可以打破的。但只要家长有这样一份诚心和决心，终会拆除与孩子沟通中的阻碍之墙。

## 成长启示——有效的沟通化解冲突

在上述经历中，我终于与妈妈成功地沟通了一回。这主要因为她再没有像往常那样简单地批评我、斥责我，而是表示愿意听取我的意见，并注意自己的方式方法，所以我在那一刻感到自己成了一个大人。我不希望家长总是唠叨我，而是需要有自己说话的机会。

那次冲突，就给了我这样一个说话的机会，使我们开始填补彼此之间的代沟，以新的姿态去认识、接受对方。而对妈妈来说，我能继续对她讲心里话，是此次沟通给她带来的最大慰藉。所以说，青少年成长中的许多问题，绝不仅是孩子单方面的问题。

渴望被尊重与理解，是青少年时期一个鲜明的心理特征，也是青少年的共同心声。这种愿望的满足与否，直接影响着青少年成人后与家长、子女、朋友乃至社会上其他人的沟通能力。

青少年最常说的一句话是，"求求你，爸爸妈妈，请听我讲几句话吧"。你们听进去了吗？

## 相关科学研究 35——青春期家庭关系的转型

孩子的青春期是家庭成员的日常交往活动发生变化、家庭关系重组的时期。随着青少年的成长，他们用于家庭活动的时间越来越少，而与伙伴相处的时间则日益增长。它会自然地使家庭先前建立起来的平衡状态被打破。

孩子在青春期中生物性、认知和社会性的过渡，家长在中年期体验到的转变，以及亲子关系在整个家庭生命周期这一阶段中经历的变化，这三者结合在一起，就引发了一系列家庭关系的转变。

青春期孩子与家庭的关系，会出现一个从影响和互动的非对称和不平等的模式向更加平等的交流模式转变的过程。

处于青春期的男孩子可能会觉得妈妈对他不断的关心很讨厌，他意识不到，对她而言，他对独立的渴望标志着她作为妈妈这一重要的人生阶段的终结。而青少年对自主的需求可能同样会对家长造成很大的压力。

岳博士家教百宝箱

不仅仅是家庭成员在孩子的青春岁月中要经历转变，家庭作为一个整体，其经济状况、社会关系以及它的功能都会有所变化。

## 岳博士家教建议 103：引导孩子调整沟通模式

家庭发展的不同阶段，需要有不同的家庭规则和具体的交流模式，家长要根据不同的阶段特点，及时修正不合时宜的规则。

## 岳博士家教建议 104：引导孩子真诚平等对话

无论是亲子交流，还是师生交流或同伴交流，其目的不外乎三点：一是有效传递信息，二是增进情感联结，三是共同解决问题。家庭成员之间，需要本着真诚平等的态度相互倾听与交流。青少年更需要的是支持而不是养育，是指导而不是保护，是指明方向而不是单纯地下达命令。

## 岳博士家教建议 105：引导孩子共同参与思考家教

家长实施家教，是帮助孩子健康而快乐地成长。家长要经常与孩子共同思考：近来家教中有什么成功之处，为什么？近来家教中有什么失误之处，为什么？以不断更新家教理念，完善家教方法。


终日给以冷遇或呵斥，甚于打扑，使他畏葸退缩，仿佛一个奴才，一个傀儡，然而父母却美其名曰"听话"，自以为是教育的成功，待到放他到外面来，则如暂出樊笼的小禽，他绝不会飞鸣，也不会跳跃。

——鲁迅（文学家、思想家）

# 给孩子需要的帮助——如何用心伴随孩子成长

> 通过这三件事情，我懂得了一个道理：当遇到困难的时候，要学会主动出击，寻找生命中的贵人来获得援手。当年我英语学得好，不仅因为我投入了大量的时间和精力，也因为我得到了名师的指点帮助，少走了许多弯路。

做家长的，应该懂得在孩子需要帮助的时候，给孩子需要的帮助。我每次给家长讲课，都告诉大家这句话。而这句话之感受，正是源自我的父母当初对我的帮助。

想当初，爸爸对我最大的帮助是在我需要他的时候，他会放下手头的事情来全力帮助我。上小学五年级的时候，我一度学不好珠算课，就去请教爸爸。爸爸也好多年没有摸算盘了，不能完全回答我的问题。但他第二天就去商店买了一本珠算的小学教材回来自己研读，然后跟我一起打算盘，结果我的珠算成绩很快就追上去了。这件事使我懂得：学习中遇到了问题，除了可以请教老师外，还可以请教爸爸。在此之前，我一直以为，爸爸是大学老师，教不了小学生的课业。这次的珠算辅导经历使我懂得，他不光可以教大学生，也可以教小学生。所以学习中有了问题，我应该首先去找他求助。后来我更加懂得，爸爸当初之所以能教得了我，首先是因为他愿意花时间教我。不然，他可以随便找个借口，让我去求助他人或自己想办法解决。

上初中的时候，有一段时间我迷上了乒乓球，每天都想着打球，还梦想加入校队打比赛。爸爸得知后，不仅没有嘲笑我的想法幼稚，反而鼓励我去大胆追求我的梦想。为此，他为我买了最好的球拍，还帮我联系乒乓球台操练。不光如此，爸爸还到学校图书馆借阅有关中国乒乓球群英的图书，其中介绍了庄则栋、李富荣、张燮林、容国团等人的故事，我看得如痴如醉。爸爸也看了，并与我一同交流庄则栋之稳、准、狠的球风，同时启发我，学习也好考试也罢，都要追求同样的处事方法。用时下的术语来讲，这叫共同追星了。虽然后来我没有成为专业球员，但爸爸当初对我的鼓励给了我极大的精神力量。

上高中的时候，我上无线电课，需要了解矿石收音机的原理。由于我早就偏文科，所以学起来十分吃力。爸爸得知后，决定对我进行实践教育。他专门从商店买来了铝板、矿石、铜丝、电阻、喇叭等物，指导我按照说明书制作出一台矿石收音机，居然能接收电波发声。这个无线发烧友的经历曾经大大强化了我的学习自信，也曾令老师和同学对我刮目相看。

妈妈当初对我的帮助主要体现在英语辅助上。自小学以来，我就对英语学习尤有兴趣。为了帮我学好英语，妈妈不断带我拜师求教，其中三件事情令我记忆犹新，它们对我日后英语学习的出类拔萃起了决定性作用。

首先，妈妈带我找到了内大院里英语水平最高的徐炳勋老师，请他收我做徒弟，练习英语口语。徐老师早年毕业于"北外"（现北京外国语大学）英语系。他当年支边来了呼和浩特，一直以教学严谨著称。前不久，他还去澳大利亚做了一年的访学，其英语水平在全内蒙古自治区是数一数二的了。妈妈带着我去找他，他为我的好学精神所感动，当下就决定收我做徒弟，并约定每个星期定时去他家接受英语口语的训练。没多久，我的英语发音和表达就突飞猛进，用徐老师的话来讲，我的水平已经达到了大二的程度。后来，徐老师干脆建议我搞一个英语补习班，带动其他孩子一起学英语。在他的鼓励下，我后来果真办起了一个英语补习班，招收了院里对英语感兴趣的孩子就读，其中就有徐老师的两个孩子。

其次，妈妈带我找到了内蒙古工学院（现内蒙古工业大学）的严以胜老师，请他收我做徒弟，学习科技英语。严老师是老教授，当初支边来了呼和浩特。1976 年，他在呼和浩特市科技局的要求下，举办了一个科技英语培训班，招收市内的科技骨干参加培训，每周上课两次，每次上课一个上午。我妈妈得知这个消息后，就想方设法找到了他，请他招收我这个"特招生"。开始时，严老师颇为犹豫，因为他招收的学员都是各个科研单位报上来的业务骨干，英语水准也都是大学毕业生以上，很担心我能否跟得上课程的进度。但他用英语与我交谈了几句，又让我现场翻译了一段英文后，就对我说："只要你的老师同意你来上课，我就收你。"

于是，妈妈又去找我就读中学的班主任斯照①老师，请他通融我想参加科技英语培训班的愿望。斯照老师听了我妈妈的话，想了想说："你家孩子英语学得好，全校的老师都知道。现在他想参加这个培训班，本来与

---

① 斯照老师的全名是斯琴照日格图，他后来被评为特级教师，并出任内蒙古师大附中校长10 余年。

学校的课程有冲突，但我可以做一个灵活安排，就是允许他每个星期有一个上午去听课，哪天去由他自己定，但是要事先向我请假。"就这样，我有幸参加了那个培训班的学习。课上学了些什么，我早已忘记，但给我印象最深的是，班上的学员全是成人，有人还与我爸爸同龄，我是班上唯一的高中生。这个情况曾给了我极大的激励。

通过这三件事情，我懂得了一个道理：当遇到困难的时候，要学会主动出击，寻找生命中的贵人来获得援手。当年我英语学得好，不仅因为我投入了大量的时间和精力，也因为我得到了名师的指点帮助，少走了许多弯路。不然，按照我自己想象的方向去努力，很可能使我陷入"辛辛苦苦犯错误，认认真真走弯路"的困境，到头来事倍功半。而这一切，都要感谢妈妈当初对我的全力支持。

1977 年恢复高考，我的英语考分是 62 分。这个成绩不算高，却是那年内蒙古自治区应届高中毕业生中得分最高的。放在今天，我就是英语科的高考状元了。我能考出这个成绩，在很大程度上，也得益于家长帮助我拜师。

给孩子需要的帮助，这是每个家长终生的思考。

## 心理分析——他人如何影响自我概念

卡尔·罗杰斯认为，每一个人都生活在一个以自我为中心而又不时地变动的经验世界里。这个个人经验和内心的世界，罗杰斯称为"现象场"。罗杰斯认为自我是在与环境和他人的相互作用中形成的，是情境中各种互动（与他人互动、与自我互动、与文化互动）的产物。自我概念一旦形成，一个人可以在社会生活中逐渐产生许多"身心体验"。当个体有了更多的在家长的积极帮助和指导下去完成一个任务、克服一个困难的体验时，如果这个体验让人舒服温暖并有成就感，那么自我概念会持久上升，不仅可以增进亲子关系，也会让孩子在学业进步和个人成长方面更加顺利。反之，则自我概念会下降，引发孩子负性的自我评价，让他难以对目标任务保持持久的动机，难以提升抗挫的能力。

从心理学的理论上讲，一个人有意无意、随时随地感知到他的身心状态，体验到喜怒哀乐，个体体验的积累决定着他是否接受外界刺激的影响以及接受什么样的影响。有些机体经验被儿童意识到，这些经验就成为现象经验，而没有被儿童意识到的经验则以潜在的形式对自我的发展起着作用。

## 成长启示——用爱心和科学的态度陪伴孩子成长

在上述故事中，爸妈为了更好地帮助我满足多种发展需求，倾注全力，精心安排，身体力行为我的发展提供了最好的条件。上小学五年级的时候，爸爸与我共同学习珠算；初中时，当我迷上乒乓球时，爸爸与我共同追星；高中时，爸爸对我进行实践教育，帮助我了解矿石收音机的原理。妈妈为了辅助我学习英语，不仅投入了大量的时间和精力，还为我找各路名师指点，争取各种学习机会，使我少走了许多弯路。

由此看来，家长在孩子成长中要发挥积极的作用，不仅要给孩子身体上的照料、物质上的基本满足，更为重要的，是要在其心智发展上投入时间和精力，用爱心和科学的态度陪伴孩子成长。

## 相关科学研究36——罗杰斯自我实现理论

在罗杰斯的自我实现理论中，当最初的自我概念形成之后，人的自我实现趋向开始激活，在自我实现这一股动力的驱动下，儿童在环境中进行各种尝试活动并产生大量的经验。通过自身机体自动评价过程，有些经验会使他感到满足、愉快，有些则相反，满足、愉快的经验会使他寻求保持、再现，不满足、不愉快的经验会使他尽力回避。在儿童寻求的积极经验中，有一种是受他人的关怀而产生的体验，还有一种是受到他人尊重而产生的体验。

罗杰斯把这两种体验称为"正向关怀需求"，但儿童这种"正向关怀需求"的满足完全取决于他人，而他人（包括家长）是根据儿童的行为是否符合其价值标准、行为标准来决定是否给予关怀和尊重的，所以说他人的关怀与尊重是有条件的。这些条件体现着家长和社会的价值观，罗杰斯称这种条件为"价值条件"。

儿童不断通过自己的行为体验到这些价值条件，大多会不自觉地将这些本属于家长或他人的价值观念内化，变成自我结构的一部分。渐渐地，儿童会从按本能需求去评价经验，变成由自我中内化了的社会价值规范去评价经验，这样儿童的自我和经验之间就发生自我认知图式的改变，这个图式会自动地引导孩子产生各种各样的行为。而正性的积极图式会促使个体自然地从现实自我朝理想自我趋近，产生更多的顶峰经验。

> 岳博士家教百宝箱

家长和老师都期待能够用自己的言行帮助孩子健康地成长，但是以怎样的理念和方法去一步一步地陪伴孩子，成为其生命成长中的贵人，这是需要学习和实践的。在日常的家庭教育和生活中，如何帮助孩子去获得胜任感，家长和老师要做到以下几点。

### 岳博士家教建议 106：引导孩子学会主动求助

家长要启发孩子遇到学习、生活困难时，学会主动求助，寻找生命中的贵人。家长还要引导孩子学会合理的交流与分享，既不因张扬自我而招引他人的妒忌，也不因过分保守而阻断他人相助的愿望。

### 岳博士家教建议 107：引导孩子平衡自由与限制

怀着对孩子的爱心，去平衡对过程的期望，将对孩子的接纳、关爱与对孩子某种程度的调控结合起来，帮助孩子在强制与毫无限制的自由两极之间找到有意义的动态平衡。

### 岳博士家教建议 108：引导孩子培养毅力

家长要引导孩子设定目标，制订切实可行的计划，在积极的活动中培养孩子良好的学习习惯与坚韧不拔的毅力。

孩子们的性格和才能，归根结底是受到家庭、家长，特别是母亲的影响最深。孩子长大成人以后，社会成了锻炼他们的环境。学校对年轻人的发展也起着重要的作用。但是，在一个人的身上留下不可磨灭的印记的却是家庭。

——宋庆龄（爱国主义、民主主义、国际主义、共产主义伟大战士）